조금 다른 육아의 길을 걷는 중입니다

'생각의 힘'과 '마음의 힘'을 길러주는
미래형 육아 철학

조금 다른
육아의 길을
걷는
중입니다

서린 글·그림

루리
책방
RURI-BOOKS

이 책에 적힌 이야기는 저와 남편 후니가 결혼하면서부터 아들 힘세니가 일곱 살이 되었을 때까지의 시간에 대해 작성한 것입니다. 힘세니가 여덟 살이 된 현재 시점에 과거를 회상하며 적었습니다. 또한 이 책에 담긴 그림 속 내용은 힘세니와 함께 지내며 실제로 있었던 일들을 일기처럼 그린 것으로, 인스타그램 계정에 올렸던 그림 중 일부를 편집하기도 했습니다.

이것은 사랑 이야기

내가 인스타그램에 컷툰 형식의 짧은 그림일기를 올리기 시작한 것은 아들 힘세니가 태어난 직후였다. 혼자서 젖먹이 아이를 키우며 쌓이는 스트레스를 그림으로 풀던 때였는데, 초보 엄마의 일상을 소소하게 그려 올렸을 때에는 양육자들끼리 서로 공감하고 위로하는 반응이 대다수였지만 힘세니가 말을 하기 시작하면서부터 내 만화에는 이런 댓글이 달리기 시작했다.

"아이가 말을 어쩜 이렇게 항상 예쁘게 하나요? 비결이 있나요?"
"힘세니의 위로는 어른인 제게 감동을 줘요. 명언 제조기네요."
"힘세니는 꼬마 철학자예요! 어떻게 이런 생각을 할 수 있는 거죠?"

그래서 결국 이렇게 분수에 맞지 않게 책까지 내게 되었지만, 시간이 흐른 지금 아무리 골똘히 생각하고 생각하고 또 생각해보아도 결국 나는 결과론적인 이야기밖에 할 수 없었다. '아… 그런 것들이 아이의 언어와 사고 발달에 영향을 주었겠구나…' 하는 것 정도로 말이다.

그런데 이번 책 작업을 하면서 나는 아주 중요한 발견을 했다. 원고를 쓰다 보니 내가 하고 싶은 이야기들이 하나의 구심점으로 연결되어 있다는 생각이 든 것이다. 양육 방식, 교육 방식, 훈육 방식이라는 여러 가지 갈래들은 사실 잡다하고 사소한 것들이었다. 결국 그 논제들의 뿌리에는 내가 어떤 방식으로 아이를 사랑해 온 것인지가 담겨 있었다.

'이상적인 사람으로 키우기 위해 아이에게 어떤 것을 해 주어야 할까? 그렇다면 부모인 우리가 만들어야 하는 이상적인 사람이란 무엇일까? 그런 사람으로 만들고 싶다는 생각은 나의 감정일까, 이성적인 판단일까? 어떤 것을 해준다는 것은 어디서부터 어디까지일까? 그리고 이런 것들이 정말 사랑일까?'

결국 이 책에 있는 이야기는 아이를 키운다는 것의 본질을 넘어서, 누군가를 정말로 사랑한다는 것이 무엇인지에 대해 나 스스로 끊임없이 질문해가는 이야기이다.

차례

제1장

우리
이야기의
시작

연애 상대가 어떤 사람인지에 대해서는 참 판단하기가 어렵다. 우선, 상대에게 잘 보이려는 마음이 들면 자신을 포장하기 쉽기 때문이다. 겉으로 드러나는 예의바른 말투와 태도 안에서 추잡한 계획을 세우기도 하고, 항상 겸손해하던 사람이 술만 마시면 "내가 사실 얼마나 잘났는데!"를 외치기도 하고, 명품시계나 가방으로 자신의 위상을 높이려고 애쓰기도 한다.

상대를 향한 망상과 실망과 기대는 '나처럼 괜찮은 사람을 네가 어디서 만나?'와 '내 주제에 어떻게 너를 쳐다보겠어.' 사이를 휘젓고 다닌다. 그러다 결혼이 전제가 되면 더 침착한 계산식이 들어간다. 그것은 지성인으로서 응당 해야 할 감정적, 경제적 손익계산일 수도 있지만 아무리 봐도 아주 아름답다고는 할 수 없는 모습이다.

하지만 사랑의 근본은 맹목성 아니었나? 그 사람 이외에는 무엇도 보이지 않고, 아무것도 생각할 수 없고, 그를 위해서는 무엇이든 하면서도 전혀 괴롭지 않은 것. 그게 바로 사랑 아닌가? 이런저런 이유를 대면서 그 사람과 사랑에 빠지는 것이 아니라, 그 어떤 이유가 있음에도 불구하고 사랑에 빠지는 것 아닌가?

나는 서른 살이 된 해에 우연히 후니를 만났다. 사실 그때 후니라는 남자는 내가 꿈에 그리던 이상형의 모습도 아니었고, 끼를 부리는 말솜씨를 가진 것도 아니었으며, 조금은 촌스럽고 서툴기까지 했다. 그런데 후니에게는 바로 그 맹목성이 있었다. 함께 일하고, 연애도 하고, 멀리서 바라보기도 하고, 혹은 그저 스쳐 지나가기도 했던 내가 태어나서 만났던 모든 남자 중에서 단 한 명 후니만이 그 맹목성을 가지고 있었기 때문에 나는 후니와 결혼을 했다.

후니는 나와 연애하면서 나를 사랑하는 것 이외의 다른 것들은 중요하게 보지 않는 것 같았다. 내가 좋아하는 것이라면 그것이 무엇이라도 함께 했고, 나와 시간을 보낼 수 있다면 없는 시간을 쪼갰으며, 다른 이의 시선이나 평판을 의식하지도 않았다. 양가 부모님의 반대나 신혼살림을 준비하며 맞닥뜨린 금전적 어려움을 장애물이 아닌 해결하면 되는 문제로 보았다.

어떤 결정에 있어서 항상 고려대상 1순위는 나였다. 마치 나를 사랑하는 것이 순서도의 제1원칙 자리에 있도록 프로그래밍 되어 있는 로봇처럼 말이다. 그렇게 우리는 한 팀이 되었다.

그리고 이 맹목성이라는 사랑의 공식은 우리의 아이 힘세니에게서 빛을 발하게 된다.

하지만 힘세니야, 나는 길에서 너를 보더라도 사랑에 빠질 것 같아.

후니는 나를 정말 많이 놀리는 장난꾸러기이다. 그런데 나는 남편의 놀림감이 될 때마다 행복하다. 후니가 나를 놀리면서 하는 말은 이런 것들이다.

"넌 너무 못생겼어. 어떻게 이렇게 생겼지? 이 못생긴 것을 좋다고 따라다니는 나도 참 뭐하는 놈인지 모르겠다."
"네가 이럴 때마다 진짜 짜증나! 그런데 내 몸은 나도 모르게 또 다 해주고 있네?"
"어휴, 우리가 앞으로 100살까지 산다면 나는 앞으로 네 다리를 주물러주는 이걸 육십 년은 더 해야된다는 거잖아. 너무 싫다."

우리를 모르는 누군가 들으면 화들짝 놀랄 수도 있는 혐오 표현인가 싶기도 하다. 하지만 나는 이 말에 들어 있는 숨은 뜻들이 참 좋다.

못생긴 나를 좋아한다는 것은 나는 예쁠 필요가 없다는 것이다. 집에서도 눈썹을 그리고 있어야 한다거나, 꼬박꼬박 다리털을 제모해야 된다거나, 뱃살이 드러날까 신경쓰며 가리고 있어야 할 필요가 없다는 뜻이니까. 내 부탁이 짜증이 나도 들어준다는 것은 내가 어떤 행동을 할 때 혹시나 그것이 후니를 화나게 하는 것은 아닐까 하고 지나치게 눈치를 보며 걱정할 필요가 없다는 뜻이다. 그리고 다리 주물러주는 것을 앞으로 육십 년 해준다는 것은 사는 동안 우리는 항상 함께 있을 것이라는 이야기이며, 그 속에는 생의 중간에 누구 한 명이 먼저 하늘로 가지 않고 백 살까지 함께 있기를 바라는 바람까지 살며시 묻어 있는 것이기도 하다.

내가 어떤 외모여도, 내가 어떤 행동을 해도, 결국 우리는 언제까지나 함께임을 매 문장마다 명시해주는 것. 그것이 바로 내가 바라는 맹목성이다. 우리의 사랑을 이어가는 데에 단서는 필요 없다는 강력한 믿음. 이것은 놀랍게도 '사랑'이라는 감정보다 더 끈끈하고 강력한 팀워크를 만들어준다. 우리가 서로의 갑을관계나 상하관계에 놓인 것이 아니며 누가 누군가에게 소속되어 있지 않고, 한쪽이 다른 한쪽을 만족시키기 위해 어떤 모습으로 변할 필요 없이 자기 자신 그대로의 모습 그대로 부부공동체의 완전한 팀원이 되는 것이다.

이러한 덕목은 사랑꾼이나 순정파 남자 주인공이 많이 나오는 로맨스 영화나 드라마 혹은 웹툰에서도 아름답게 그려지고, 복숭아나무 아래에서 피로 맹세를 하는 의형제들의 의리 이야기에도 나올 만한 것이지만, 사실 아이를 키우면서 가장 필요한 것도 바로 맹목성이라는 생각이 든다. 맹목적인 사랑이 주는 신뢰와 그것이 만들어주는 팀워크 말이다.

오롯이 자기 자신 그대로의 모습으로 완전한 팀원이 될 수 있게 해주는 것, 사랑으로 맺어진 팀워크 안에 머물게 해주는 것, 그것은 다른 말로 존중이다. 이 존중이라는 감정은 배우자에게도 해당하는 것이지만 사실 우리의 아이에게도 가장 필요한 것 아닐까?

오늘 유치원에서 준이가 거울을 보더니 " 나는 왜 이렇게 못생겼을까…" 라고 하는거야.

그래서 내가 " 누구나 못생길 수 있는거야. 신경쓰지말고 재미있게 지내봐." 라고 해 줬어.

사실 우리 모두는 조금씩 못생겼어.

나는 아이를 낳기 전부터, 아니 결혼 전부터 '생각의 힘'인 창의성과 '마음의 힘'인 자존감 두 가지가 우리 삶에 얼마나 중요한지에 대해서 관심 있게 생각하고 있었다.

나는 대학 졸업 후에 어느 중견 증권회사의 마케팅 팀에서 근무를 했었는데 덕분에 다양한 새로운 마케팅 전략을 접하기도 했고 요구받기도 했었다. 그렇게 새로운 마케팅을 하면서 든 생각은, 창의적인 아이디어라는 것은 같은 일을 보더라도 그 안에서 적재적시의 통찰을 해내는 시각에 기인한다는 것이었다.

예를 들어 마크 저커버그Mark Elliot Zuckerberg는 하버드 대학교를 다니던 때에 여학생들의 사진을 올려놓고 인기를 투표하는 사이트를 만들었다. 그런데 그 사이트가 예상치 못하게 크게 흥행을 했고 그때 그는 성공의 이유를 '인기'나 '투표'에서 찾은 것이 아니라 '사진'에서 찾았다. 그리고 그 '사진' 아이디어를 발전시켜 만든 것이 우리가 아는 페이스북Facebook이다. '무엇이 이 사건의 핵심인가'를 찾아내는 눈이 있었기 때문에 그의 사이트는 짓궂은 남학생의 장난에서 끝나지 않고 전 세계인이 사용하는 소셜 네트워크가 된 것이다.

그런데 사실 나는 그러한 눈은 후천적인 노력보다는 소질에 가까운 분야라는 느낌을 받았었기 때문에, 선천적이거나 아니면 아주 어린 시절에 완성된다는 믿음이 있었다.

반면 자존감은 창의성과는 달리 성인이 된 후 주변 환경에 따라 회복되기도 하고 저하되기도 하는 어떤 감각인 것 같다는 생각을 했다. 하지만 이것이 어린 시절부터 단단하게 형성된다면 늦게 만들어지는 것에 비해 배우고 느끼는 것이 완전히 다를 것이기 때문에 중요하다는 느낌이 들었다. 그리고 아이를 키우게 되면서부터는 더욱, 자존감은 성장해 가면서 가장 중요한 것 중 하나이며 의외로 창의성에도 크게 영향을 미친다는 것을 깨달았다.

나와 후니는 결혼 후 비교적 빨리 아이를 얻었다. '힘세니'라는 태명은 첫째로 '몸의 힘이 세서 건강한 아이가 되기를 바라는 소망'을, 둘째로는 '마음의 힘이 세서 자존감이 높고 생각의 힘이 세서 창의적인 아이가 되기를 바라는 소망'을 담아서 지었다.

하지만 나는 아이에게 자존감과 창의성이라는 두 가지 힘을 주기 위해서 어떤 노력을 해야 하는지는 알지 못한 채 아이를 낳았다.

삶은 녹록지 않았다. 그 나이와 그 직급의 직장인답게 후니도 아이가 태어난 직후 엄청난 업무량에 시달리게 되었다. 알콩달콩 데이트를 할 적과 비교할 수가 없을 정도였다. 잦은 야근과 지방 근무를 돌던 후니는 비극적이게도 힘세니가 아직 너무 어린 나이일 때, 정확히는 아이가 두 돌 반이 되었을 때에 해외로 파견을 나가게 되었다.

아무런 대비가 되지 않았는데 나는 독박 육아의 구렁텅이 속으로 떨어지게 되었다. 독박 육아는 정말이지… 너무나 힘든 일이었다. 육아라는 것을 해 본 적이 없는 분을 위해 설명을 적어보자면, 하루종일 진상 고객의 민원을 듣는 고객센터에서 일하는데, 제대로 된 식사시간과 휴게시간을 확보받지 못하고, 앉아서 통화만 하는 것이 아니라 집안일도 하면서 쉴 새 없이 움직이는 아이를 따라다니기까지 해야 하는 중노동이라고 생각하면 쉬울 것이다.

거기에 독박이라는 단어가 붙으면 그 모든 것을 조금이라도 나누고, 힘듦을 함께 이야기하고, 고충을 토로할 사람이 주변에 아무도 없다는 뜻이다. 아침에 일어나 눈을 뜨는 순간부터 아이를 재운 후 집 정리를 끝내고 잠자리에 드는 순간까지… 나는 나 홀로 매일

상상 이상의 노동을 해야 했다.

그런데 이 외로움, 고독, 무기력증, 우울함과 히스테릭한 고통의 시간 속에서 아이러니하게도 정말 반짝이는 진주가 만들어지고 있는 줄을 그때의 나는 전혀 알지 못했다. 그 진주는 바로 우리 이야기의 시작, 팀워크Team-work라는 것이었다.

이 팀워크라는 것은 어떤 작은 관점의 발아로부터 출발했다. 남편 후니가 해외로 나간 후, 나와 힘세니 둘이 덩그러니 남게 되었을 때 나의 외로움이 그 작은 힘세니를 향해 뻗치기 시작한 것이다. 남편과 통화를 하고 싶어도 시차 때문에 시간이 한정되어 있었고, 친정 식구들이나 친구들에게도 매일 미주알고주알 떠들 수 없었던 그 상황에서, 어느새인가 나는 점점 힘세니라는 존재를 내가 키우는 아이가 아니라 나의 유일한 동료로 생각하게 되었다. 의도한 것은 아니었지만 그렇게 관점이 변화되면서 나는 아이를 독립적인 개체로 인정하는 시각을 갖게 되었다.

지금 생각해보면 나는 다른 양육자들과 조금 다른 방식으로 아이를 대했는데, 이를 테면 나는 세니에게 "친구 손 잡아~"라던가 "친구 안아줘~"나 "노래 한번 불러 볼래?" 혹은 "춤 좀 춰 봐~" 같은 요구를 한 번도 해 본 적이 없었다. 그리고 내가 준비한 촉감 놀이 재료를 무작정 만져보라고 한다던가 엘리베이터에서 만난 낯선 이웃에게 인사하라고 시킨다거나 심지어 가족에게라도 뽀뽀를 하라고 시킨 적이 없었다. 걷다가 갑자기 넘어지거나, 웃기는 표정으로

울거나, 옷을 입지 않고 돌아다니거나 하는, 아이 입장에서는 조금 창피한 모습들을 카메라로 찍어서 SNS에 올린 적도 없었다.

이것은, 힘세니가 아주 어릴 때에도 힘세니의 감정과 상관없고 특별한 이유도 없이 그저 어른들이 보기에 귀여운 행동을 아이에게 권유해 보거나 누군가에게 보여준 적이 없었다는 이야기이다. 힘세니는 나의 작고 귀여운 장난감이 아니라 집안의 유일한 내 동료였기 때문이다.

물론 아이에게 그러한 요구를 하는 것이 아이의 성장에 나쁜 영향을 끼친다는 것은 아니다. 아이와 즐거운 추억을 쌓을 수도 있고 아이의 친화력을 높일 수도 있을 것이다. 어떻게 보면 나는 그저 아이의 귀여운 모습들을 함께 보며 즐거워할 누군가가 옆에 없었기 때문에 습관이 되지 않았던 것일지도 모른다.

하지만 내가 다른 양육자들과 현저히 다르게 아이를 키워온 점이 무엇이었을까를 천천히 생각해보니 바로 아이를 동료로 인식했다는 점이라는 생각이 들었다. 이렇게 아이를 나와 같은 팀을 이끌어나가는 팀원으로서 바라보기 시작하면서 나는 아이에게 두 가지 큰 선물을 주게 되었다는 것을 깨달았다.

바로 내가 그렇게 원하던, '생각의 힘'과 '마음의 힘' 말이다.

팀원을 위한 계획을 수립한 힘세녀.

제2장

'생각의 힘'이
자라기
시작했다

나와 집안을 끌어가는 유일한 팀원이었던 힘세니는 아주 어렸을 때부터 나와 함께 의사결정을 하기 시작했다.

힘세니가 세 돌 때쯤이었다. 이사를 하면서 안방 커튼을 새로 해야 했다. 커튼 집 실장님이 샘플을 갖고 와서 보여주시길래 나는 힘세니를 불러 앉혀서 함께 샘플 책을 넘겨보았다. 그리고 어떤 색깔로 커튼을 만들면 좋겠냐고 물어보았다. 힘세니는 신중하게 보더니 여러 가지 파랑색 중에서도 자기 마음에 드는 톤의 파랑색을 가리키며 그게 예쁘다고 했다. 그래서 우리는 내가 좋아하는 색과 힘세니가 고른 파란색을 넣은 투톤 커튼을 만들기로 했다.

그런데 그 모습을 본 커튼 집 실장님이 깜짝 놀란 표정을 지으면서 이렇게 조그만 아이와 상의를 하고 그 아이의 대답 그대로 커튼을 만드는 집을 처음 봤다고 하셨다. 심지어 아이 방도 아닌 안방 커튼을 말이다. 그때 힘세니가 워낙 쪼꼬미여서 그러셨던 것일 텐데도 나는 그 말씀을 듣고 '애가 뭐가 어리다는 거지…?' 하는 생각을 할 만큼 정신이 없는 상태였다. 지금 돌이켜 생각해보면 참으로 어렸구나 싶기는 하지만 말이다.

당시의 나에게는 팀원 힘세니의 의견을 넣어서 만든 커튼이야말로 미적으로 아름다운 커튼보다 더 완성도 있는 커튼이었다. 물론 이것은 우리집의 또 다른 팀원인 후니가 해외에 있었기 때문에 작은 힘세니에게 의도치 않게 기회가 주어진 것이기는 했지만, 어쨌든 당시의 나는 혼자 무언가를 결정하기는 싫었다.

당연히 나도 내가 혼자 정하고 싶은 영역이 있다. 그럴 때는 힘세니에게 묻지 않고 그냥 나 혼자 해버린다. 하지만 그런 영역이 아닌 경우에는 항상 힘세니에게 물어보고, 일단 물어봐서 대답을 들으면 반드시 그대로 해준다. 나는 그냥 빈말로 물어본 적은 없었다. 그리고 힘세니가 결정한 부분에 대해서 가치 판단 같은 것도 하지 않았다. "파란색은 너무 추운 색 아닐까? 그리고 그 색은 안방에는 어울리지 않는 것 같아." 따위의 말들로 힘세니의 의견을 무시하고 가르치려 한 적도 없는 것 같다. 아니, 사실 당시 나는 힘세니에게 무언가를 가르칠 정도로 맑은 정신이었던 적이 있었기는 했나 싶다.

상의하지 못 해서 미안했지만, 힘세니는 훌쩍 자라 있었다.

처음 내가 작은 아이에게 의사결정을 시키면서 어떤 의도가 있었던 것은 아니었다. 그런데 의사결정이 습관이 된 힘세니에게 자연스럽게 생긴 능력이 있다는 것을 알게 되었다. 그것은 '당연하게 받아들이지 않는 능력'이다.

다른 아이들은 안방에 커튼이 있는 것을 보면 '아, 커튼이 저기 있구나.'하고 말아버릴 일도 힘세니는 '내가 선택한 커튼이 저기 있구나!'를 느끼는 것이다. 그리고 그런 경험이 더 쌓이고 나면 '다른 커튼들도 누군가가 만든 것 중에서 소비자가 선택한 것들이구나!'를 알게 된다. 비록 아직 말도 어눌한 작은 아이였지만 그런 경험들이 뇌의 어딘가 안쪽에 깊게 새겨지게 되었던 것 같다.

그리고 힘세니에게는 어떤 현상이나 사물을 볼 때 저것은 어떤 결정들을 통해서 저곳에 있게 된 것인지 항상 궁금해하는 버릇이 생겼다. 그리고 그 궁금증이 시작되면서 생각을 하게 되고, 생각이 시작되면서 자신이 인정할 만한 합당한 이유가 나올 때까지 집요하게 몰두하게 되었다.

내가 막연히 바라고 희망했던 것, 주입되는 것이 아니라 스스로 탐색하고 탐험하는 사람. 힘세니는 점점 그런 사람이 되어 가고 있었다.

. . . . .

29개월의 힘세너. 모든 것에 자신이 납득할 만한 이유가 있어야 했다.

힘세니를 팀원으로 인식하고 의사 결정을 함께하는 사이가 되었다
는 사실은 내가 힘세니를 상대로 구사하는 대화체에도 큰 영향을
주었다.

　나는 힘세니가 아직 걷지 못하던, 그저 땅바닥을 기어다니고 있
던 그 시절에도 힘세니가 아기라는 이유로 귀여운 말투를 만들어서
쓰지 않았다. "저기 짹짹이 간다~"라고 하지 않고 "저기 새가 날아
가네~"라고 말했다. '짹짹이'라는 어휘를 쓴 적이 없고 주어 '짹짹이'
뒤에 '가'라는 주격조사도 없는 썰렁한 문장으로 말하지 않았다.

　그리고 어른의 문장으로 말하기는 했지만 내용 자체는 항상 알
아듣기 쉽게 말했다. 왜냐하면 나는 독백을 한 것이 아니라 힘세니
에게 말을 건 것이었기 때문이다. 그래서 나는 아이 앞에서 중얼거
림을 전시하는 것이 아니라, 어린 힘세니가 이해할 수 있도록 말하
는 것이 습관이 되었다.

　예를 들면, "저 새는 비둘기인지 까치인지 헷갈리게 크기도 애매
하고 색깔도 어둡네."라는 식으로 말하면 어른은 금방 알아듣겠지

만 아이는 이해하기 어려워한다. 일단 문장이 길고, 그만큼 문장 구조가 너무 복잡하며, 비둘기는 까치보다 색깔이 밝으며 크기는 작다는 사전 지식이 있어야 이해되는 말이기 때문이다. 이런 것이 반복되면 아이는 주변을 둘러 싼 수많은 언어들을 자기가 알아듣지 못하는 어른만의 말로 인식하게 되고, 결국 다양한 말소리들을 바람소리처럼 흘려 들어버리게 될 지도 모른다.

그래서 나는 "엄마가 저 새를 보고는 처음에는 비둘기인가~ 하고 생각해봤거든? 그런데 비둘기라고 하기에는 색깔이 너무 진하다. 크기도 너무 크고. 그럼 비둘기가 아니라 까치인가? 까치가 좀 까맣고 크잖아. 헷갈리네~"라고 말했다. 문장을 짧게 끊었기 때문에 이해하기 쉽고, 엄마가 정보를 많이 줬기 때문에 사전지식이 꼭 필요하지도 않으며, '헷갈린다'라는 어휘가 이럴 때 쓰는 거라는 사실을 유추할 수도 있다. 그렇게 나는 마치 한국어 초보인 외국인 성인에게 말한다고 생각해서 제대로 된 문장을 짧고 간결하게 사용했다.

그리고 그런 어른의 말 속에서 힘세니의 말문이 터지기 시작했다.

만 40개월 힘세니의 모습.

너, 돌려까기 하는 거야?

사실 내가 어른의 말로 짧은 문장을 여러 번 이야기하던 시간 동안 힘세니는 멈춰 있는 것처럼 보였다. 보통 두 돌이 안 된 아기들은 새를 보면 "짹짹" 하면서 따라다니기도 하는데 힘세니는 두 돌때까지 전혀 제대로 된 말을 하지 않았기 때문이다. 그래서 나는 '언어적으로 조금 느린 아이인가…'라는 생각도 했었다.

그런데 힘세니는 말을 못하는 대신 말하는 시늉을 정말 많이 했다. 예를 들면 어른들이 전화 통화하는 모습을 보고는 흉내내면서 "어? 어~ 그지찌뚜~ 얼라쎄떼뜨써~" 하는 긴 문장을 굉장히 길게 말했다. 마치 외계어를 하는 것 같기도 했지만 그것은 힘세니만의 문장이었다. 그리고 힘세니는 몸짓과 손짓을 많이 하며 의성어와 의태어 사용이 많았다.

지금도 생생하게 기억나는 장면이 있다. 25개월이 된 힘세니와 함께 잠시 카페에 갔을 때였다. 사장님을 유심히 살펴보던 힘세니가 갑자기 이렇게 말하기 시작했다.

(손가락으로 사장님을 가리키며) "어어~"

(손가락으로 동그란 모양을 만들며) "어어~"

(무언가를 통에 넣는 시늉을 하며) "슉~"

(믹서기에서 무언가 돌아가는 손 모양을 하며) "위이잉~ 위이잉~"

(눈을 동그랗게 뜨고 무언가를 든 모습을 취하며) "오오!"

마치 특정 단어를 몸으로 표현해서 맞히는 퀴즈를 내는 것 같은 모습 혹은 수화 같은 것을 한다고 생각하면 된다. 물론 힘세니의 베스트 프렌드였던 나는 바로 알아들었다. 나는 "오, 사장님이, 오렌지를 가져와서, 믹서기에 슉 넣고, 위이잉~ 위이잉~ 하면서, 믹서기를 작동시키니까, 주스가 완성됐지? 맞아, 신기하지?"라고 말했다. 그런데 그 모습을 보던 사장님이 "아니, 무슨 베이비 사인으로 거의 어른끼리 말하듯이 대화를 하시네요?"라고 하셨다. 그래서 나는 속으로 '그런가? 그런데 베이비 사인이 뭐지?' 하고 대수롭지 않게 넘겼다. 사실 나는 그때 힘세니가 다른 아이들에 비해 조금 특이한 편이라는 것조차 인식하지 못했다.

지금 생각해보니 그때 힘세니는 단순히 베이비 사인, 즉 감정이나 의사를 간단한 음성이나 몸짓으로 표현하는 활동을 남들보다 조금 더 길게 한 것만은 아니었다. 힘세니는 단어 없이 몸짓과 표정, 그리고 소리만으로 하나의 문장을 완성했던 것이다. 주어와 동사 순으로, 시간 순서대로!

25개월이 시작하던 그때 "어, 어~"하며 말하던 힘세니는 25개월

반 정도가 되자 "새, 새야. 새. 날아. 보여."라고 하더니 26개월이 되자 갑자기 "저기 멀리서 새가 날아가는 게 보여!"라고 말하기 시작했다. 1~2주 동안 발화의 시동을 걸고, 그다음에는 바로 정확한 문장으로 넘어가 버렸다.

생각해 보면, 아기의 두뇌에서 언어 체계가 만들어지는 데에는 충분한 시간이 필요한 것 같다. 그리고 아이가 그 체계를 토대로 말의 세계로 뛰어들기 시작하면 헤엄치는 것은 정말 금방이었다. 그렇게 아이의 머릿속에서 언어 체계가 만들어지는 동안 엄마가 아이에게 "짹짹이 가네~"라는 아기 말투를 지어서 쓸 필요가 있을까?

'그때 그것처럼' 화법

힘세니의 말문이 트이고서 우리는 더욱 돈독한 대화를 할 수 있게 되었다. 특히 독박 육아 속에서 나는 나의 유일한 팀원인 힘세니에게 주저리주저리 길게 이야기하기 시작했고, 의도치 않게 상황을 자세히 묘사하는 문장을 많이 쓰게 되었다. 특히 내가 자주 쓰게 된 화법은 '그때 그것처럼' 화법이라고 내가 이름 지은 설명 방식인데, 그것은 어떤 내용을 말할 때 예전에 경험했던 기억을 가져오는 대화법을 말한다.

예를 들어 힘세니에게 딸기를 주면서 "딸기 먹자. 어제 공원 산책하다가 봤던 꽃'처럼' 빨간색이네? 혀에 딸기가 닿으니까 달콤한 맛이 느껴지지? 전에 먹었던 레몬도 혀에 대니까 신맛이 났잖아. 그것'처럼' 혀가 맛을 알게 해주는 거야."라며 이렇게 계속 예전에 있었던 일, 혹은 이미 알고 있는 사실들을 끊임없이 연관 지으면서 '~처럼'을 읊어대는 것이다.

힘세니는 애니메이션 '헬로카봇'을 정말 어릴 때부터 봤다. 언제인지는 확실히 기억나지 않지만 힘세니의 두 돌 생일 선물이 카봇이었으니 영상을 본 것은 아마 그 이전부터였다. 전문가들이 두 돌 이

전 아이의 미디어 시청을 엄격히 금하고는 있지만 어쨌든 내가 나름 대로 이 애니메이션을 선정한 이유는 한 화에 기승전결의 에피소드가 있으며 무엇보다 문화재, 미세먼지, 인터넷중독, 홈쇼핑의 과대광고, 물가 폭등과 사재기, 동물원의 폐해와 같은 사회 현상들을 다루고 있어서 '실제와 비슷하다'는 느낌을 주었기 때문이었다. "'가'로 시작되는 말은 '가을', '가방' 어쩌구" 하는 단순한 콘텐츠보다는 상황 속에서 어휘가 드러나는 이런 만화가 훨씬 모국어 발달에 효과적일 것이라는 것은 인지상정이다.

만화를 함께 보는 양육자는 '그때 그것처럼' 화법에 쉽게 도전할 수 있다. 만약 누군가 넘어졌다면 "어? 넘어졌다! 그때 우가바(카봇 이름)가 넘어졌던 것처럼!"이라고 말하고, 놀이터에서 모래를 발견하면 "차탄(카봇 만화 주인공)이 사막의 나라로 떠났을 때의 모래와 비슷하네?"라고 말할 수가 있기 때문이다. 물론 함께 책을 읽은 경험, 밥을 먹은 경험, 목욕한 경험 등 아이와 함께 한 모든 것이 대화 소재가 될 수 있다. 단지 만화에는 당연하게도 조금 더 자극적이고 재미있는 소재가 많기 때문에 나는 만화도 좋은 콘텐츠라고 생각한다.

중요한 것은 그러한 대화 소재를 위해 함께 비싼 키즈 펜션에 가거나 미술관이나 박물관을 돌아다니거나 비행기를 타고 먼 곳으로 여행을 갈 필요가 없었다는 것이다. 나 또한 운전도 할 줄 몰랐고 아이 아빠도 없으니 늘 집과 동네 놀이터만 배회하는 엄마였지만, 그래서 오히려 효율적인 시간을 보낼 수 있었던 것이 아닌가 생각한다.

힘세니는 두 돌부터 세 돌 사이에 언어 발달이 엄청나게 이루어졌다. 세 돌에는 거의 성인 수준으로 말할 수 있을 정도였다. 하지만 단순히 어려운 단어를 사용하고 문장을 정확히 구사했기 때문에 힘세니가 특별하다고 말하는 것이 아니다. '그때 그것처럼' 화법으로 얻은 가장 강렬한 보석은 바로 '연결 능력'이었다. 그것은 다음 화법을 소개하고 다시 이야기하기로 한다.

내가 힘세니와 한 독특한 화법이 또 있다면 사연에 대해서 이야기를 나눴다는 것이다. 다시 말하면, 물건이나 사람에는 다들 그렇게 된 원인과 과정이 있는데 아이와 사소한 일들을 하면서 그들이 가진 사연에 대해서 설명해 주거나 상상하게 해 주는 것이다.

정말 간단하게는 힘세니와 마트에 가서 사과를 보았을 때 "이 사과는 말이야, 농부 아저씨가, 이곳 말고 다른 동네에서 사과나무를 심고, 열심히 물주고 키워서, 사과가 열리면 트럭에 싣고, 여기 마트로 가져다주는 거야."라는 이야기를 해 주었다.

계산대에 계시는 아주머니를 보고는 "저 아주머니도 퇴근하시면 옷을 갈아입고 집으로 갈 거야. 집에 가면 남편과 아이가 기다리고 있을지도 모르지. 사실 엄마도 여기 마트에서 사람이 필요하다고 공고를 내면, 이 일을 하겠다고 지원해볼 수도 있어."라고 설명해주었다.

이런 화법으로 아이에게 이야기를 해 주면 아이가 어릴 때에는 그냥 잘 들었을 뿐일지는 몰라도 조금만 더 크면 "그런 구인 공고는 어디서 봐?", "엄마는 어떻게 지원을 해?", "지원서는 어떻게 써?", "자격증이 필요해?", "그런 자격증이 필요하다는 법은 누가 만들어?" 같은 여러 가지 절차와 원리들에 대해 궁금해하기 시작한다. 다시 한번 '당연하게 이곳에 있는 것은 없다'는 멋진 진리를 스스로 깨달을 수 있게 되는 것이다.

시간이 많이 흐른 지금, 과거의 일을 적다 보니 '내가 정말 외로웠었구나…' 하는 생각이 들고, 다시 한번 그 힘들었던 시간을 이겨 낸 내 자신이 애틋하고 자랑스러울 뿐이지만 어쨌든 이 화법 또한 의도하지 않게 힘세니에게 큰 영향을 끼쳤다. 그리고 결국 '그때 그것처럼' 화법과 '모든 것의 사연을 설명하는 화법'으로 인해 힘세니는 '연결 능력'이라는 것을 얻게 되었다.

엄마와 아빠는 어떻게 결혼하게 됐어?

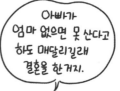

아빠가 엄마 없으면 못 산다고 하도 매달리길래 결혼을 한거지.

아빠는 엄마 만나기 전에는 잘만 살았으면서 왜 거짓말을 한거야?

아니, 세니야~ 엄마를 알기 전에는 그냥 살았을지 몰라도 엄마를 만난 이후로는 이제 엄마 없인 못 살게 된거지!

우리의 결혼 사연을 간파해 버린 힘세니!

힘세니가 35개월쯤, 내 친구와 힘세니 또래의 친구 아들과 함께 차를 타고 공원으로 놀러 간 일이 있었다. 차 안에서 나와 내 친구는 서로의 가족 이야기로 수다를 떨었다. 그리고 공원에서 놀이터도 가고 개미도 잡고 간식도 먹으면서 한참을 재미있게 놀았다. 저녁 무렵 집으로 돌아오는 차 안에서 우리는 다른 소풍 장소를 또 물색해보자는 대화를 나누었다. 그러자 불쑥 힘세니가 말했다.

"엄마랑 엄마 친구는 아까 소풍 갈 때에는 가족 이야기를 하더니, 오는 길에는 소풍 장소에 대해서 이야기를 하네?"

이것이야말로 힘세니 말의 특징이었다. 몇 시간 전에 한 엄마의 대화 주제를 지금 대화 주제와 비교하는 것이다. 사실 힘세니 또래의 아이 중 다수가 엄마의 수다를 듣고 "엄마와 엄마 친구가 가족 이야기를 해요."라는 문장을 구사할 수 있었다. 하지만 "아까는 그랬고, 지금은 다른 이야기를 한다."라는 두 개의 사건을 연결시키는 능력을 가진 아이는 별로 없었다. 그리고 이때쯤부터 나는 힘세니의 말에 특징이 있다는 것을 느꼈다.

그렇다면, 사건의 연결 능력이라는 것은 무엇일까?

‘그때 그것처럼 화법’은 과거의 경험을 끊임없이 소환하는 화법이고, ‘모든 것의 사연을 설명하는 화법’ 또한 현재 이전의 사실을 다루는 화법이다. 나만의 이론이기는 한데 나는 이 두 가지 화법이 힘세니의 연결 능력을 자연스럽게 만들었다고 생각한다. 엄마와 이야기를 하면서 두 이야기를 비교 대조하고, 인과 관계나 상관 관계를 파악하는 것이 습관이 된 것이다.

그리고 나는 힘세니가 세 돌이 지나면서 이 연결 능력이 얼마나 중요했던 것인지 깨닫는 경험들을 할 수 있었다. 어느 날 힘세니가 목욕을 하다가 “오리 장난감은 물에 뜨네? 아빠가 바람 넣어줬던 튜브처럼. 오리에도 안에 바람이 있나?” 하고 물은 것이다. 즉 힘세니의 뇌에서 튜브와 장난감의 공통점을 찾아낼 뿐 아니라 그 발견에서 유래하는 호기심을 만드는 회로가 생겼다. 그리고 그 뒤부터 “국속에 있는 두부는 가라앉아 있네? 두부 안에는 바람이 없나?”, “지구가 둥글어서 계속 걸으면 온 세상 어린이를 다 만난다는 노래가 있잖아. 그런데 꼭 둥글지 않아도 입체도형이면 언젠가 만날 수 있는 거지?”와 같은 것들을 묻기 시작했다.

연결 능력의 짜릿한 점은 바로 여기에 있었다. 아이가 질문을 만들어낸다는 것! 그것도 기존에 발견한 것들을 섬세하게 꿰어 가며, 더욱 풍성하게 그리고 더욱 폭발적으로 말이다.

고양이다!

냐아아옹

저리 가라는건가,
배고프다는 건가...

고양이는
말을 못 하니까
알 수가 없네~

냐옹 냐옹

만 4살의 힘세니에게 귀여운 '생각의 씨앗'이 자랐다.

힘세니에게 연결 능력이 생기기 시작했을 때 사고의 발달에 커다란 증폭제 역할을 했을 것이라고 생각되는 것이 있다. 바로 많은 어른이 가장 혐오하며 소름끼치게 두려워하는… 바로 '역할놀이'이다. 많은 부모가 "책은 읽어줄 수 있고, 만들기도 같이 할 수 있고, 인형놀이, 칼싸움도 함께할 수 있는데 정말 역할놀이는 못 해 먹겠다!"라고 토로하는 그것 말이다.

역할놀이는 각자 가상의 캐릭터가 되어 하는 상황극이다. 우리가 다 알다시피 역할놀이는 "안녕?"이라는 인사말로 시작한다. 정말 무시무시하지 않은가? 나는 지금도 낯선 아기와 부모가 내 옆에서 역할놀이를 하는 것을 보면 트라우마가 생겨서 가슴이 울컥할 정도로 힘세니와 함께 역할놀이를 엄청 많이 했다. 힘세니는 말을 한두 마디 할 때쯤부터 대여섯 살쯤 때까지 역할놀이를 집요하게 요구했고, 엄마인 나는 아이의 요구에 다는 맞춰주지 못했겠지만 그래도 꽤 열심히 상대해줬기 때문이다.

그런데 아이와 역할놀이를 하게 되면, 당연하게도 '그때 그것처럼 화법'이나 '모든 것의 사연을 설명하는 화법'과 같은 '화법'의 문제가 아니라, '그때 그것처럼' '모든 것의 사연'을 '직접 만들어낼 의무'의 문제를 만나게 된다.

나 같은 경우에도 역할놀이를 한번 시작하면 각각 로봇 하나씩을 들고 온 집 안을 돌아다니며 그런 이야기들을 만들어야 했다. 그게 두 시간 동안 이어진 적도 있었는데 그 두 시간 동안 여행을 하고, 갑자기 나타난 적군을 만나기도 하고, 서로 도와서 일을 해결하기도 하고, 오해가 생기며, 계획에 실패하기도 하면서 얼마나 많은 상황을 만들어내야 했는지…! 그런 상황들을 긴밀하게 연결하고 주도적으로 새로운 것을 진행시키기 위해 얼마나 많은 두뇌 회전이 필요했는지 모른다. 아마 그때 힘세니의 두뇌는 거의 폭주 기관차의 엔진이었을 것이다.

힘세니가 다섯 살을 지나면서 나는 "엄마는 장난감을 들고 있을 테니까 너 혼자서 양쪽의 대사를 다 만들어서 놀아 봐."와 같은 말을 하기 시작했다. 그렇게 꾸준히 '놀이 독립'을 권유하면서 나는 역할놀이의 지옥에서 서서히 빠져나왔다. 이것은 결코 자연스럽게 되지 않았으며 강력하고 필사적인 탈출을 위한 사투였다. 하지만 그 과정에서 힘세니는 생각보다 잘 적응했다. 아마도 힘세니가 적응을 잘해준 이유는 그간 나의 눈물겨운 노력 덕은 아니었을까 싶을 정도로 그때의 나는 정말 많은 시간 동안 역할놀이를 했다. 그래서 '놀이를 할 때에는 졸도할 만큼 집중해서 몇 년 해주면 그 뒤에 아이가 혼자 할 수 있게 되는 것은 아닌가?' 하는 생각을 한다.

나는 영상 시청이나 게임 시간에 제한을 두지 않았는데 힘세니는 여덟 살인 지금도 유튜브나 게임에 중독되지 않았고 어느 정도 봤다면 스스로 영상이나 게임을 끄고 혼자 놀기 시작한다. 유튜브에서 어떤 실험이 나오면 즉시 끄고 비슷한 실험을 해보기도 하고 어떤 장면이 나오면 거기에서 영감을 받아 종이에 그림을 그리거나 글로 끄적이는 데에 더 많은 시간을 쓴다.

　힘세니는 단순히 정보를 받아들이는 것에서 그치는 것이 아니라 스스로의 머릿속에서 무언가를 만들어내는 것을 훨씬 사랑하는 아이로 성장했다. 역할놀이라는 그 지옥 불을 견딘 보람을 엄마에게 안겨주듯이 말이다.

역할놀이로 시작해서 역할놀이로 끝났던

만 2세부터 4세까지의 하루는 길었다.

아이들은 "왜?"라는 말을 정말정말 무지무지 많이 한다. 처음에는 엄청 귀엽지만 그 "왜?"라는 말이 정말 뜬금없기도 하고 너무 빈도가 잦다 보니 나중에는 귀찮기도 하고 어떻게 대답해야 할지 난감할 때도 있어서 "그냥 그런 거지!"라고 해버릴 때가 많아진다.

세 살 힘세니의 "왜?"는 참으로 황당했다.

힘세니가 인형을 바닥에 던졌을 때,

나 인형이 바닥에 떨어졌잖아!

힘세니 왜?

나 뭐가 왜야! 네가 던졌으니까지!

차로 외출했다가 돌아오던 중에,

나 이제 우리 동네 다 와 간다.

힘세니 왜?

나 어? 이제 다 와 가니까 다 와 간다고 하지!

그때에는 정말 도저히 "왜?"가 나올 수 없는 이런 상황에서 나오는 "왜?"들을 그저 아이의 말버릇 중의 하나라고 생각했었다.

그러다가 힘세니가 말을 유창하게 하기 시작했을 때 이와 비슷한 상황에 처했다. 힘세니는 여전히 "왜?"를 외쳤지만, 이번에는 그것이 정확히 어떤 점이 궁금해서 묻는 것인지 설명할 수 있었기 때문에 우리는 꽤 길고 확장된 대화를 하게 되었고, 나는 비로소 그 "왜?"의 의미를 알게 되었다.

나 인형이 바닥에 떨어졌잖아!

힘세니 왜?

나 뭐가 왜야! 네가 던졌으니까!

힘세니 아니, 내가 던졌는데 그게 왜 멀리 가지 않고 금방 떨어졌냐고.

나 네가 더 세게 던졌으면 저 멀리까지 날아갔다가 떨어졌겠지…?

힘세니 결국 바닥에는 떨어져?

나 그렇지. 물건들은 이렇게 다 바닥에 붙어있잖아.

힘세니 왜 물건들이 바닥에 붙어있어?

나 지구가 우리를 끌어당기고 있으니까.

힘세니 아, 지구가?

나 이제 우리 동네 다 와 간다.

힘세니 왜?

나 어? 이제 다 와 가니까 다 와 간다고 하지!

힘세니 아니, 왜 갑자기 지금 다 와 간다고 하냐고.

나 아까는 멀리 있다가 지금에야 우리 동네에 왔으니까.

힘세니 지금은 우리 동네에 왔다는 것을 엄마가 어떻게 아냐는 거지.

나 우리가 자주 가는 마트가 보이니까지.

힘세니 그럼 우리가 자주 가는 마트가 보이면 그때부터 우리 동네고, 그 전에 우리가 한 번 가본 적 있는 우체국이 보였을 그때에는 아직 아니야? 그러면 집에서 출발해서 걸어서 몇 분 걸리는 곳까지 우리 동네야?

힘세니가 "왜?"라고 말한 것은 단순히 엄마를 짜증나게 하려고 도발한 게 아니었다. 힘세니는 정말로 인형이 바닥에 떨어지는 중력이 궁금했고, 어디까지가 우리 동네인지 행정구역이 궁금했던 것이다.

다시 생각해보면, 말은 트였으나 아직 조직적으로 문장 구성을 할 수 없던 더 어린 힘세니의 "왜?"에도 많은 창의적인 발견들이 숨어있었을 것이다. 아이들은 그 질문을 정확히 만들어낼 수 있는 능력이 없었을 뿐, 정말로 우리가 당연하게 생각하는 현상들에 대해 너무 궁금한 나머지 "왜?"라는 외마디 비명을 질렀던 것이다. 그런데, 당연한 것으로 치부되기 쉬운 것에 대해 한 번 더 질문하는 기술은 모든 천재가 가진 능력이 아닌가? 그렇다. 우리 아이들은 어쩌면 전부 다 천재일지도 모른다.

그런데 사실 이 "왜?"를 유발하는 것이 바로 연결 능력이다. '아까 내가 본 것들은 그렇지 않았는데 이것은 왜 그럴까?'라는 질문을 할 수 있으려면 두 가지 사건을 연결시키는 능력이 필요하기 때문이다.

만약 힘세니에게 이 연결 능력이 갖추어지지 않았다면 그냥 무언가 찝찝한 어리둥절함에서 "왜?"는 끝났을지도 모른다. 순간적으로 "왜?" 했다가도 금방 또 다른 것을 궁금해하면서 서서히 잊어갔을 것이다. 그런데 힘세니는 연결 능력을 가지고 있었기 때문에 말을 잘할 수 없을 때였다고 해도 머릿속으로는 "왜?"가 시작된 근원을 파고드는 회로를 끊임없이 만들었을 것이다. 말하자면 '내가 이것을 궁금해한 이유는 명확해. 그냥 아무렇게나 한 말이 아니야. 그 이유는 바로…'를 생각하기 시작했을 것이라는 말이다. 그리고 언어가 발달하면서 힘세니는 그 이유를 설명하게 되었다.

그래서 유난히 "왜?"가 많았던 힘세니는 지금도 "왜?"가 많다. 더욱 세밀하고, 덜 뚱딴지같으며, 가끔은 어른도 놀랄 만큼 진부하지 않은 "왜?"가 말이다.

연결 능력이 준 가장 멋진 선물은 바로 이 '질문할 수 있는 능력'이었다.

아이의 생각은 왜 어른과 다를까?

주위를 보면 아이에게 한자를 가르치는 엄마들이 많다. 우리 어휘의 많은 부분이 한자로부터 나오기 때문에 말의 근본을 가르치고자하는 훌륭한 동기에서 시작한 것일 테다. 그런데 나는 또 의문을 품는다. "자, 우리말 단어는 한자로부터 나와. 한자를 알아야 어휘력이 늘겠지? 이제 우리 암기해 보자!"로 시작되는 배움의 방식 때문에 말이다.

무언가를 억지로 이해시키고 기억하게 하는 방법은, 내 생각에는 적어도 청소년기는 되어야 적합한 방법 같다. 물론 '똘똘한 아이 만들기' 대작전에는 아이 나이가 어려도 효과적인 방법일 수 있겠지만 아이의 인생은 아이에서 끝나지 않는다는 게 문제다.

힘세니가 여섯 살 때 혼자 놀다가 아무렇지 않은 목소리로 "외계인, 지구인, 노인… 왜 이렇게 '인'으로 끝나는 말이 많은 거지?"라고 말했다. 나는 "우리 말에는 한자어로 된 단어들이 아주 많은데~"라고 어렵게 설명하지 않고 "아, 우리 말에는 한 글자 한 글자마다 각각의 의미가 있는 글자들이 있어. 예를 들면 '인'은 '사람'이라는 뜻이야. 그래서 외계에 사는 사람은 외계인, 지구에 사는 사람은 지구인이라고 말하는 거지."라고 설명해주었다. 그냥 여섯 살 아이의 시선에 맞춰서 설명해줬다고 생각했는데 그 뒤로 힘세니는 내가 화를 내면 "엄마는 화인이야!"라고 한다던가 머리가 노란 사람이 지나가면 "머리 노랑인이다!"라는 말을 지어내며 놀았다. 한자에 대해서는 잘 모르지만 어휘의 어떤 기본적인 속성들을 알게 된 것이다.

나는 아이에게 한자 교육을 시작한다면 왜 '인'으로 끝나는 말이 많은지 궁금해하기 시작할 때 하는 게 좋다고 생각한다. 만약 한자 교육을 하지 않는다고 해도 사실은 한자 교육 그 자체보다는 이렇게 유추해내고 새로운 것을 만들어보는 말장난 같은 것에서 언어적 발달이 이루어지는 것이라고 나는 믿는다. 비단 한자뿐만이 아니다. 진짜 배움은 이 세상의 모든 사실과 원리에 대해 궁금해하기 시작하면서 형성된다고 믿는다.

힘세니가 일곱 살 때에는 이런 일이 있었다. 아파트 엘리베이터에 '도시가스 검침 안내문'이 붙어 있었다. 각 가정의 가스 사용량이 베란다에 있는 계량기에 표시되니 그 숫자를 적어서 도시가스 공사 웹에 입력해달라는 내용이었다. 그것을 보고 힘세니가 질문을 했다.

"가스 사용량을 왜 입력해야 돼?"
"아, 우리 집 가스 사용량을 입력하면 가스 회사에서 그 숫자를 보고 가스비를 정하거든. 많이 쓴 집에는 가스비를 많이 내라고 하고, 적게 쓴 집에는 가스비를 적게 내라고 하는 거지. 우리가 가스를 쓰는 만큼 돈을 내는 거야."

"아, 그렇구나. 그럼 전기는? 전기도 입력해?"

"…응? 전기는 입력한 적이 없네…?"

"전기는 돈 안 내?"

"전기도 돈 내는데… 생각해 보니까 전기회사에서는 입력하라고 한 적이 없네? 아마 각 집에서 사용한 걸 자동으로 기계가 계산해주는 그런 게 있나 보다."

"그러면 가스 회사는 아직 그 기계를 못 만들어냈고, 전기 회사는 만들어 냈나 보네?"

"그런가 봐."

그러자 엘리베이터에 같이 타고 있던 이웃집 아저씨가 웃으면서 힘세니에게 말씀하셨다.

"허허허. 전기회사도 그런 것은 없어. 그런데 전기계량기는 아파트 입구에 있으니 한국전력 검침원이 돌아다니면서 확인하는 것이고, 가스계량기는 입구가 아니라 집 안에 있으니 각 가정에서 봐야 하는 것이지."

옴마야, 그랬구나! 하하. 그리고 아저씨가 말씀하셨다.

"꼬맹이가 참 똘똘하네. 그렇지, 그런 걸 궁금해해야 하는 게 맞지."

힘세니는 무언가를 알려주면 "아, 그렇구나."로 끝나는 법이 없다. 늘 "가스가 그렇구나. 그렇다면 전기는?"과 같이 방금 들어온 지식과 연결되는 질문을 한다. "코로나의 변이 바이러스가 생겼대."라는 말에 힘세니는 "오, 그러면 코로나 바이러스는 다른 어떤 바이러스의 변이가 아닌 최초의 바이러스였다는 거야?"라고 묻는다. "아파트 8층의 첫 번째 집이라서 801호라고 하는 거야"라고 설명하면 "그러면 100층이 넘는 아파트라면 호수가 만의 단위가 될까, 아니면 너무 길어서 다른 방식으로 호수를 정할까?"라고 궁금해한다.

어떤 부모는 그런 질문을 받으면 엉뚱해서 재미있기는 하겠지만 반복되는 질문에 대답하기도 지쳐서 듣는 둥 마는 둥 하는 상태가 될 것이다. 그런데 나는 아이가 그런 것을 궁금해하는 것이야말로 기존의 문제를 인식하고 새로운 것을 만들어 내는 데에 유리한 뇌의 모양이라는 확신이 든다. 번뜩이는 질문은 결코 백지에서부터 상상해낼 수 없다. 창의력 대장, 상상력 왕은 연결 능력에 있다. 내가 지금껏 보고 들은 것들을 엮어서 새로운 것을 만드는 것이 아이디어이지 않는가.

지금 힘세니는 여덟 살이 되었다. 학교에 들어가서 공부를 시작한 나이이기는 하지만 나는 힘세니가 아직은 상식을 배우는 아이가 아니라 우리가 상식이라고 생각하는 사회의 규칙과 과학 원리들이 왜 그렇게 짜여졌는지 궁금해하는 아이였으면 한다. 정보를 저장하기보다는 앞으로 정보를 사이사이에 심을 수 있는 많은 주름을 만들어 내는 나이를 지나고 있으니 말이다. 그 나이를 충분히 즐긴 다음에야 교과서를 펴는 나이가 될 거라고 나는 생각한다.

호기심은 배움의 시작이다.

'공감 능력도 지능이다!'

요즘 사람들이 많이 하는 말 중에서 저 말은 우리가 흔히 생각하는 자상함과 배려심이 '태도'라기보다는 '지능'에 가깝지 않느냐는 의미로 해석된다. 이 말에는 일리가 있는데, 물론 몸에 밴 친절함은 학습된 태도일 수도 있고 따뜻한 눈빛은 천성일 수도 있다. 그렇지만 다소 덜 즉각적이고 판단을 요하는 행동에 대한 것은 상당히 '생각하는 법'과 가까울 지도 모른다.

예를 들면 '내가 이런 것을 느낀다면 저 사람도 같은 감정을 느끼지 않을까?'라는 질문은 나와 타인을 비교하는 사고의 연결에서 나온다. 그리고 그것이 배려를 낳는다. 한발 더 나아가면 '저 사람은 이 일은 지난번에는 힘들어했는데 이번에는 괜찮아할까?', '저 사람이 힘들어하는 이유는 무엇일까?'라는 질문 또한 과거의 사건을 관계 짓는 사고의 영역이다. 그것을 말과 행동으로 표현하면 다정한 사람이라는 평가를 받겠지만 일단 그 다정함을 표출하려는 의지를 갖기 전에 그렇게까지 생각을 할 수 있어야 하니 말이다.

힘세니는 그런 연결 능력이 있었기 때문에 세 돌이 지나면서부터 엄마인 나를 배려하고 도와주는 행동을 많이 해 주기 시작했다. 그리고 다섯 살을 지나 여섯 살 무렵에 했던 따뜻한 멘트들은 힘세니를 스윗가이의 전당에 올려놓기에 충분했다. 그 시기에 내가 그렸던 만화들을 보고 있노라면, 다섯 살 이전에 끔찍하게 고독하고 처참하게 고역이었던 지루한 화법과 끝없는 역할놀이의 지옥이 천국으로 바뀌고 있는 기적의 시간처럼 느껴질 정도다.

내가 어린 힘세니를 유일한 팀원으로 인정하고 그토록 길고 험난하게 함께 한 결과가 다행히 너무나 큰 보람과 따뜻함으로 되돌아온 것, 그리고 그 보상을 받게 되기까지의 시간은 그렇게 길지 않았다는 것은 꼭 나누고 싶은 놀라운 경험들이다.

힘세니의 사랑을 느끼게 해 준 생리통.

사실 '그때 그것처럼' 화법이나 '모든 것의 사연을 설명하는 화법'은 생각보다 굉장히 수다쟁이가 되어야 하는 화법이다. 한 문장으로 설명할 수 있는 것도 이리 붙이고 저리 붙여서 일장 연설을 해야 하기 때문이다.

나 같은 경우에는 한마디를 하더라도 혼잣말처럼 중얼거리고 싶지 않았고 꼭 아이에게 이해를 시키고 넘어가고 싶어서 필사적으로 그렇게 하기는 했지만, 솔직히 입에서는 단내가 나고 배에서는 꼬르륵 소리가 나는 대화법이다. 여기에 생각의 꼬리를 물 수 있는 여지를 주고 대답을 다시 질문으로 돌리며 그 호기심에 성심성의껏 대답해줄 수 있다는 것은 정말이지 능력이기도 하겠지만 적성에 더 가깝다. 그리고 사실은 기분이기도 하다.

당장 등원이 급해 죽겠는 아침 시간에 계속 딴짓을 하며 무언가를 물어오는 아이에게 웃음을 띄면서 상상의 나래를 펼 수 있도록 해 주는 양육자는 많지 않을 것이다. 또 양육자의 몸이 너무 피곤하고 아무것도 하기 싫을 때에 자꾸 질문을 던지는 아이가 귀엽게 보일 리가 없다. 거기에 역할놀이까지 하자고 한다면 그것은 또 얼마나 무자비한 공격인가. 정말 우리에게는 입도 뻥긋하기 싫은 날이 있다!

그럴 때에 나는 단호한 목소리로 "엄마가 지금 몸이 안 좋으니 다음에 이야기하자."고 말했다. 그리고 다음에는 이야기를 잘 들어주었다. 밑도 끝도 없이 아무 때나 물어오는 것에 줄기차게 대답해주거나, 역할놀이를 요구할 때마다 기계처럼 응했다는 것이 아니라는 말이다. 내가 할 수 있을 만큼만, 문득문득 생각날 때, 혹은 오늘따라 수다가 고플 때, 미소를 지으며 대화할 수 있을 때 그렇게 했다.

내가 말하는 방법들이 전혀 소질에도 맞지 않고 그저 어렵다고 느끼는 양육자들이 내 글을 읽고 '이렇게 해야만 아이의 언어 능력과 사고력이 발달하는 것인가!'라는 자괴감에 빠질 필요가 없다. 더 나아가 반드시 모든 아이가 말을 조리 있게 잘하고 기발한 생각을 할 필요도 없다. 그렇지 않은 어른 중에서도 행복하게 사는 사람은 너무나 많다. 저명 인사 중에서도 어눌하게 말하고 공감 능력이 없기도 하지만 성공한 사람들을 쉽게 찾을 수 있다.

그럼에도 불구하고 나는 우리가 아주 조금이라도 힘을 내어 아주 작은 대화들만이라도 꿰어 나가 준다면, 그 대화의 실들은 흩어져 버리지 않고 우리 아이에게 어떤 식으로든, 그것이 꼭 아이를 천재로 만드는 방법은 아닐지라도, 분명 멋진 옷이 되어 줄 것이라고 확신한다.

내가 할 수 있는 것부터 하나하나 해 보자.

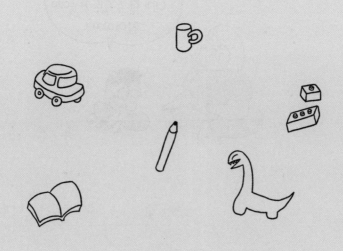

제3장

힘세니
학습법

얼마 전 유명한 웹툰 작가가 웹툰 작가 지망생과 관련 종사자를 상대로 진행한 어느 강의를 들으러 간 적이 있다. 현재 작가들 사이에서 대두되는 웹툰 시장의 여러 현안에 대해 설명해 주고 질문도 받는 시간이었는데 가서 이야기를 들어보니 요즘 최대 이슈는 AI의 출현인 것 같았다.

사실 나도 몰랐는데 요즘은 스케치만 주면 AI가 자동으로 채색을 하기도 하고 인기작의 플롯을 분석하여 스스로 스토리를 쓰기도 한다고 했다. 이 기술은 점점 발전하고 있으며 그렇게 되면 이제 창작자들의 자리가 점점 줄어드는 것이 아닐까 하는 걱정이 종사자들 사이에서는 피부로 느껴진다는 이야기가 나왔다.

그런 고민에 대해 그 웹툰 작가님은 아주 명쾌한 결론을 내렸다. 'AI가 나의 자리를 대체하지 않을까?'라는 걱정을 하는 작가가 있다면 그 작가는 아마 AI가 나오기 이전에도 '다른 작가가 나의 자리를 대체하지 않을까?'를 불안해하는 작가일 거라는 것이다. 우리의 자리는 누구에게나 대체될 수 있다. 그렇기에 나만이 할 수 있는 것이 무엇인지를 생각하면 답은 분명하다고 덧붙였다. 그러면서, 자동

채색 프로그램이 너무나 잘 되어 있다고 하더라고 똑같은 프로그램을 두 사람에게 주었을 때 한 사람은 그냥 무난한 결과물을 만들어 내지만 다른 한 사람은 더 멋진 결과를 만들 수도 있다는 이야기를 했다. 그 프로그램을 실행하기 전에 기본적인 설정을 다시 한 번 확인 후 자신에게 맞는 값을 다시 세팅한다든지 하는 등 사람의 손길로 조절할 수 있는 부분이 존재한다는 것이다. 그리고 그것을 다루는 사람의 역량이 필요한 부분이 분명히 차별점을 낸다고 말했다.

예를 들어, 이야기의 분위기에 따라서 빛의 방향을 너무나 빠르고 영민하게 설정해 옷 주름의 그림자를 순식간에 현실처럼 그려내는 것은 사람의 직관이나 판단력, 혹은 눈치, 혹은 센스일 것이다. 그리고 자동 채색 프로그램이 상용화되었을 때 그 프로그램을 센스 있게 활용하는 작업자는 당연히 임금이 올라갈 것이고 말이다.

그것은 꼭 웹툰 시장에서만의 이야기는 아니다. 우리가 사는 세상에서 많은 것들이 자동화되고 기계화되어도 여전히 그것을 센스 있게 다룰 수 있는 작업자가 필요하다. 우리는 미래가 어떤 세상이 될지 예측할 수 없고, 또 어떤 재능이 필요하게 될지도 가늠하기는 사실 어렵다. 그렇기에 기술을 연마하는 것보다는 어디에나 적용시킬 수 있을 만한 기본의 힘, 즉 역량이 있어야 한다. 그리고 그 역량은 결코 타인이 길러줄 수 있는 것이 아니다. 눈에 보이지 않는 그것은 거의 혼자서 세포 분열하는 잠재력에 가깝다.

역량은 아이 혼자 키워가야 한다. 하지만 부모인 우리는 아이가 그것을 키울 수 있는 기본적인 씨앗을 독려할 수 있다. 그 씨앗은 호기심으로부터 시작되며 어떤 새로운 발상으로 자라나, 그 발상을 이론으로 심화시키는 집요함으로 바뀔 것이고, 후에는 노련함이 될 것이다.

그 씨앗을 틔우고 성장시키기 위해 내가 해 보고 있는 '힘세니 학습법'을 이번 장에서 나눠보려고 한다.

내가 아이를 온전한 팀원으로 생각하고 대화한 것이 '우연히도' 아이의 언어와 사고 발달에 도움을 주었다면, 아이가 좀 더 커 가면서 나는 보다 '확신을 가지고' 아이를 돌보기 시작했다. 그래서 학습법에 대한 이야기는 조금 단호한 어투라고 느껴지실 수도 있지만, 내 의견이 정답이라는 생각보다는 많은 양육자가 토론해볼 만한 소재 중 하나가 되어 주었으면 하는 마음으로 적은 것임을 먼저 알아주시면 감사할 것 같다.

학습에 관한 내 확신의 가장 큰 뿌리는 바로 '아이에게 무언가를 너무 가르치려 하지 않는 마음이 아이를 배우게 한다'는 믿음이다. 다시 말하면 아이에게 무언가를 퍼주려고 하는 게 아니라 아이가 궁금해할 수 있는 기회를 충분히 주는 것. 그것이 아이가 능동적으로 생각하게 할 수 있을 것이라 믿었다.

빠른 아이들은 서너 살에도 혼자 스마트폰에 있는 유튜브 앱 아이콘을 눌러서 영상을 보기도 하지만 힘세니는 스마트폰은 쥐어 본 적이 없고 그동안 거실 TV로 내가 틀어주는 카봇과 같은 영상을 본 것이 전부였다. 그렇게 일곱 살이 되어서야 힘세니는 스스로 TV 리 모콘으로 유튜브를 틀 줄 알게 되었다. 그리고 TV 전원을 켜고 유튜브 표시된 곳으로 들어가면 처음에는 무작위로 채널이 나타나고 '구독'에 들어가면 내가 좋아하는 채널들이 나오고, 자기가 좋아하는 채널에 들어가면 유튜버들이 영상을 순서대로 올려놓는다는 것을 익히기 시작했다.

한 번은 힘세니 최애 영상인 〈흔한남매〉의 썸네일들을 훑어보다가 힘세니가 물었다.

"이 썸네일 끝에 작게 표시되어 있는 숫자들은 뭐야?"

"아, 그건 영상 길이야. 15:10이라고 적혀 있으면 15분 10초짜리 영상이라는 뜻이야."

"그래? 올려놓은 영상 길이들이 다 다르네?"

"그렇지."

그러고는 영상 하나를 선택해서 보던 힘세니가 또 질문을 했다.

"영상을 보다가 정지를 누르면 이렇게 내가 얼마만큼 봤는지 시간 표시 줄이 뜨잖아. 그런데 이 총시간을 표시하는 표시줄 길이는 왜 모든 영상이 다 똑같아? 긴 영상은 이 표시 줄도 길고 짧은 영상은 표시줄도 짧아야 하는 거 아닌가?"

유튜브 영상 표시줄에 대해 설명하다가 나는 비율, 축소, 비중과 같은 단어를 말해야 했고, 지구본이 큰 지구를 얼마만큼 작게 만들었는가에 대한 이야기까지 해야 했다.

힘세니가 이렇게 질문을 깊게 파고, 넓게 퍼트리면서 무언가를

재미있는 동영상

👍 4천 👎   ↗ 공유   ⬇ 오프라인 저장   🤍 THANKS   ✂ 클립   ☰+ 저장   ⋯

습득해 나가는 과정들은 정말 귀여웠다. 그리고 만약 힘세니가 어릴 때부터 스마트폰으로 유튜브를 봤다면, 자연스럽게 이 버튼 누르고 다음 버튼 누르면 영상이 나온다는 사실을 알아버렸다면 힘세니는 이렇게 작은 부분에 대해 궁금해하지 않았을지도 모른다는 생각이 들었다. 수염이 엄청나게 긴 노인이 "할아버지께서는 주무실 때 수염을 이불 밖으로 빼놓고 주무시나요, 아니면 이불 속에 넣고 주무시나요?"라는 질문을 들은 이후로 어떻게 해도 불편한 것 같아서 잠을 이루지 못했다는 이야기도 있지 않은가. 평소에도 자연스럽게 하던 것도 '내가 어떻게 했더라…' 생각하게 되면 불편해질 때가 있다.

그렇게 생각해 보면, 당연하게 해오던 습관이라는 것이 되도록 없는 편이 무언가를 질문하기에는 더 좋은 것 같다. 스마트폰 사용법은 물론이고, 레고 쌓는 법, 점토 붙이는 법, 숫자 쓰는 법, 냉장고 사용법까지도 말이다.

"냉장고 맨 밑 칸에 항상 우유를 넣어둘 테니까 거기서 빼먹으면 돼."라고 알려주면 아이는 궁금해할 겨를도 없이 자기 몫만 빼먹으면 그만이다. 그 대신 "우유 꺼내서 먹어."라고 하거나 매번 아이를 옆에 세워두고 냉장고에서 우유 꺼내는 모습을 보여주면 '엄마는 우유를 어디서 꺼내는 거지?', '왜 우유를 저 칸에 넣어두는 거지?' 혹은 '왜 우유는 과자와 달리 냉장고에 넣는 거지?'를 궁금해할 기회를 줄 수 있다. 습관이 되지 않는 일을 할 때에야 말로 우리는 더 알고 싶어 하고, 그 원리까지 궁금해하고 그것을 알기 위해 공부하게 되지 않을까.

살면서 만나는 미묘한 차이들을 배워 나가던 만 5세 힘세너.

힘세니가 일곱 살이었던 때의 이야기이다. 할로윈 데이가 다가오고 있던 어느 날 힘세니가 이렇게 말했다.

"엄마! 우리 이모네 가족 초대해서 할로윈 파티하자!"

그 말에 나는 '인스타그램에 올릴 만한 예쁜 포토존이 있는 집으로 꾸미면 좋겠다!'는 생각이 가장 먼저 들었다. 그래서 힘세니에게 마트에 같이 가서 할로윈 장식들을 사오자고 했다. 하지만 힘세니의 생각은 전혀 달랐다. 힘세니는 집을 꾸밀 모든 것을 자기가 만들 테니 종이만 사달라는 주문을 했다. 그리고 다음 날, 유치원에 다녀온 힘세니는 내가 사놓은 다양한 색깔의 종이를 보고는 눈이 반짝 반짝 빛났다.

"엄마! 이 검은색 종이로 박쥐와 거미를 만들면 되겠어! 이걸로 는 외계인을 만들어서 저쪽에 붙여야겠다. 유령이 호박을 든 모습으로 만들어야겠어. 그리고 이모가 집에 들어와서 식탁에 있는 할로윈 쿠키를 먹으러 오는 그 중간에 뭔가 하나 걸어야 해. 거미줄을 만들 실 같은 것이 없을까? 박쥐는 정말 날아가는 것처럼 투명한 테이프로 매달리게 하자!"

107

힘세니는 전체적인 분위기를 계획했고, 삐뚤빼뚤하지만 자신만의 그림을 그려서 엄마에게 이것은 이렇게 오려 달라, 저것은 높이 붙일 수 있게 도와 달라는 등의 요청을 했다. 그리고 초대받은 사람의 동선을 상상해서 장식품들을 여기저기에 산발적으로 붙여 놓았다.

그렇게 완성된 우리의 할로윈 파티 장식은, 파티용품점에서 파는 것과 비교하면 당연히 세련되지 않았고 애초에 내가 계획했던 인스타그램용 사진으로는 사용할 수 없게 뒤죽박죽이었다. 하지만 그 모든 것을 준비하는 동안 힘세니가 파티 플래너로서 몰입한 시간은 정말이지 그 무엇보다 강렬하게 멋졌다!

나는 힘세니가 일의 주인이 되는 기쁨을 많이 느꼈으면 좋겠다. 예쁘게 그려진 도안을 따라 색칠해서 그럴 듯하게 완성하는 것이 아니라, 아무 것도 없는 백지에 색깔이나 모양을 권유하지 않고 심지어 재료조차 정해주지 않았어도 뭔가를 만들어 내려고 노력할 때, 그때 아이의 창의력이 비로소 자라게 된다는 생각을 한다.

창의적인 생각이란 비단 일의 순서나 재료를 정하는 데에 그치는 것이 아니라 '그 일의 시작을 내가 할 수 있다!'라는 것을 느끼는 것부터가 아닐까. 초대받은 이모네 식구들이 도착했을 때, 현관에서부터 이모와 함께 거닐며 "이쪽은 이렇게 꾸몄어!", "이쪽에도 뭔가가 숨어 있어. 찾아 봐~", "여기는 어때?"라고 안내하며 이 모든 것을 자신이 처음부터 기획했다는 깊은 성취감으로 가득 차보는 경험 말이다.

힘세니가 이모네 식구들과 함께 보낸 할로윈 파티 시간은 단순히 '주어진 재료로 미술활동을 한 것'이 아니라 '손님을 위해서 내가 기획하고 즐거운 시간을 보냈다!'라고 아이에게 각인되었을 것이다. 물론 둘 다 좋은 말이지만 미묘하게 다른 점이 있다. 소비하는 쾌감과 생산하는 성취감의 차이 말이다. 주변에 의해 부유하는 사람이 아니라, 스스로의 의지와 자신감으로 무언가를 바꿔내는 사람이 되어보는 것 말이다.

아이에게 스마트폰의 어떤 게임 어플을 보여주었을 때, "와, 이거 재미있네!" 하며 게임을 사용하는 것에 그치는 것이 아니라 "와, 이거 재미있는데? 무엇 때문에 이렇게 재미있는 거지? 나도 비슷한 게임을 만들어볼까?" 하고 느끼는 것. 여기에서 창의성이 시작되는 것 아닐까?

일곱살 힘세니가 가르쳐 준 발명가의 자세

아이와 미술활동을 하는 것은 아이와 함께 이야기를 나눌 수 있는 아주 좋은 시간이 된다. 나는 힘세니와 함께 미술활동을 할 때에는 앞서 썼던 점들을 고려해서 진행했다.

그림은 주로 백지에 그리도록 했고, 시중에서 파는 활동지를 쓸 때에도 조금이라도 덜 친절한 활동지를 구매해서 사용했다. 예를 들면 컵이 그려져 있고 '컵의 겉면을 꾸며보세요'를 지시하는 활동지는 선호하지 않았다. 그것보다는 동그라미만 그려져 있고 나머지 부분을 원하는 것으로 꾸미고 채우는 활동지를 더 좋아했다. 그런 활동지로는 '이 동그라미는 어떤 물건의 어떤 부분일까?'부터 생각할 수 있었기 때문이다.

힘세니가 그린 그림을 보며 "이게 뭐야?"라고 물었을 때 힘세니가 쉽게 대답하지 못한다면 "엄마는 이거 자동차 바퀴인 것 같아."라고 하면서 자동차의 나머지 부분을 그려주고, "그러면 이 자동차에는 어떤 사람이 타고 있을까?"로 차례차례 물어가며 함께 그림을 완성했다. 보기에 예쁘고 그럴 듯한 컵을 만드는 것보다 그 컵에 어떤 이야기를 담을 수 있는가가 더 중요하다고 생각했다.

그런데 이미 '컵 겉면 꾸미기'라는 정확한 지시문이 있는 활동지를 구매했다면 "색연필로 컵을 예쁘게 꾸며볼까?" 보다는 "이 컵은 누가 어디에서 쓰는 컵일까?", "이 컵을 꾸며서 누군가에게 선물한다면 누구에게 하고 싶어?", "그럼 이모에게 선물로 준다면 어떤 색으로 하고 싶어?", "어떤 재료로 컵을 만들면 좋을까?" 등의 질문을 던져서 아이 스스로 많은 것을 선택할 수 있도록 해주는 방법을 사용했다.

만들기를 할 때에는 다양한 재료를 무작위로 가지고 놀 수 있도록 했다. 예를 들면, '점토 놀이 시간'을 정해서 점토 하나만 던져 주는 것이 아니라 '점토와 다른 것들을 한 번에 가지고 놀 수 있는 시간'으로 해서 점토와 다른 여러 재료도 함께 이용해서 놀게 하는 것이다. 여러 가지 재료들을 가지고 놀아본 힘세니는 여덟 살인 지금 자신이 무엇인가를 만들고 싶을 때에는 엄마에게 원하는 재료를 미리 주문한다. 머릿속으로 이미 설계를 끝냈기 때문이다. 나는 이런 경험을 통해, 어떤 완벽한 결과물을 만들어내는 데에 집중하는 것이 아니라 아이들이 여러 가지 재료를 만져보고, 그것이 어떤 역할을 하는지 충분히 알 수 있는 시간을 더 많이 가지는 것이 좋다는 생각을 한다.

미술재료가 가득 찬 서랍 같은 것을 하나 만들어 두는 것도 좋다. 힘세니는 어릴 때부터 색종이, 모루, 점토, 나무토막, 면봉, 심지어 장난감 블록 같은 것을 한꺼번에 우루루 꺼내서 두 개를 합쳐보고, 이어보고, 혹은 분해도 하면서 놀았다. 화장실에서 나오는 다 쓴 휴

지심이나 배달 음식을 먹으면 나오는 일회용 수저, 노란 고무줄 따위를 차곡차곡 자신의 미술재료 서랍에 모아보기도 하면서 말이다.

얼마 전에 힘세니와 함께 피규어 샵에 갔을 때였다. 사람들은 저마다 사고 싶은 피규어를 고르고 있는데 힘세니만 피규어의 모양을 유심히 보면서 무언가를 골똘히 생각하고 있었다.

"이거 안 갖고 싶어?"
"응? 갖고 싶지는 않아. 그런데 이거랑 비슷하게 만들어볼 수는 있을 것 같아. 페트병이랑 병뚜껑 같은 게 필요할 것 같고… 또 뭐가 필요할지 생각해 보는 중이야."

나의 교육 방식과 직접적인 연관이 있는지는 모르지만, 힘세니는 물건을 사는 것에도 관심이 적어졌다. 무엇보다도 직접 스스로 하는 것을 좋아하게 되었으니 말이다.

인스타그램에 힘세니 툰을 그리다 보면 고료를 줄 테니 광고를 해 달라는 메시지가 종종 온다. 한 번은 어떤 장난감 블록 회사에서 의뢰가 왔는데 블록 상품을 받고 힘세니에게 사용하도록 해본 후 좋았던 점을 만화로 그려서 올려달라는 내용이었다.

나는 힘세니가 신이 나서 요상한 것을 하나 만들고는 그것에 거창한 이름을 붙인 것이 웃겼다는 내용의 콘티를 짜서 만화를 만들었다. 초안을 본 광고주는 마지막 컷으로 멋진 것을 만드는 장면을 추가로 넣어 달라고 요청해 왔다. 처음에 만든 것은 요상했지만 열심히 만들다 보면 나중에는 정말로 멋진 것을 완성했다는 내용이면 더 극적이지 않겠냐는 것이었다.

작업적으로도 충분히 가능한 일이었고, 광고주가 홍보에 필요하다고 판단해서 요청했다는 게 납득이 가는 일이었다. 그렇지만 나는 조심스럽게 이런 메일을 보냈다.

"아이들이 블록을 가지고 노는 것은 멋진 것을 만들기 위한 것이 아니라 블록으로 만들고 싶은 것을 자유롭게 만들어보는 데에 목적이 있다고 생각합니다. 귀사의 블록으로 힘세니가 너무 즐겁게 만들면서 몰입하였고, 자신의 작품을 굉장히 자랑스러워했기에 저는 이것으로 충분하다고 생각합니다.

힘세니가 멋있는 작품을 만들었다는 내용을 덧붙이면 블록으로 멋진 작품을 만들지 못하는 아이들이 자칫 '못하는 아이'로 비춰지지 않을까 걱정이 됩니다. 그 아이들은 못한 것이 아니라 정말 블록을 완벽히 잘 갖고 논 것일 뿐인데 말이지요.

혹시 그래도 여전히 콘티를 바꾸기를 원하신다면 그렇게 하겠습니다. 멋진 작품을 만들었다는 내용이 들어가야 광고 효과가 좋을 것이라는 광고주분의 마음은 충분히 이해하니까요. 다만 다시 한 번만 더 생각해 주십사 메일을 드립니다."

솔직히 나는 메일을 쓰면서도 "작가님의 생각도 이해는 하지만, 저희 입장에서는…" 이라는 내용으로 시작하는 답변을 받을 것이라고 생각했다. 그런데 광고주 쪽에서는 내 메일을 받고는 흔쾌히 내 뜻대로 할 수 있도록 해주셨다. 참 꼬장꼬장한 작업자라고 욕하셨을 수도 있지만 그것을 받아들여 주셨다는 것이 너무나 감동적이었다. 이 사건은 아직도 나에게는 아주 감사한 사건 중 하나로, 그리고 작은 성취의 순간으로 남아 있다.

다시 강조하지만, 아이들의 작품은 멋진 완성작일 필요는 없다. 그것을 만들기 위해 스스로 생각하는 시간을 가졌다는 것이 정말로 소중한 것이니까.

자신을 믿어주는 양육자 옆에서 생각은 유연하게 변화한다.

말하는 것을 좋아하는 힘세니는 마치 숙명처럼 다른 방면에는 전혀 재능이 없었다. 힘세니는 그림을 그릴 때에도 말을 하면서 그리는 것을 좋아했는데 이럴 테면 "공룡이 걸어오고 있어. 여기 있다가 여기로." 하면서 말을 하며 그리다 보면 한 종이에 공룡이 두 마리처럼 그려지게 되고는 했다. "옆모습이라서 눈이 하나만 보였다가 이쪽을 돌려봐서 다 보이는 거야."라고 해서 그림을 보면 공룡 눈이 세 개가 되어 있거나 "저 멀리에서 익룡이 날아왔지!"라고 해서 찾아보면 정말 자리도 없는 종이 구석에 익룡이라고 명명된 대충 그린 타원 하나가 처박혀 있는 꼴이었다.

다시 말하면, 어떤 순간을 보기 좋게 그린다는 그림의 기본 원칙을 깡그리 무시하고 그냥 자신의 이야기대로 그려 나간 것이었다. 그것이 대여섯 살 때쯤의 일이다.

그래도 나는 힘세니가 유치원에서 혹시 다른 친구들의 그림을 보고 '어? 내 그림은 어딘가 좀 이상한데…?'라고 생각하지 않았으면 하고 바랐다. 그래서 '나는 그림을 잘 못 그려.'라는 생각이 들지 않도록 항상 힘세니에게 "너는 네 스타일로 잘 그리는구나!"라고 말

121

해주었다. 그래서 힘세니는 정말로 자신이 그림을 잘 그리지 못한다는 생각을 하지 않고 자랐다.

솔직히 말하면 여덟 살인 지금은 또래 남자 아이들보다는 잘 그린다. 이것은, 그림 실력은 언제라도 좋아질 수 있다는 것을 말한다고 생각한다. 굳이 어린 아이의 그림에 대고 "그런데 왜 눈이 세 개야? 두 개로 그려야지!"라는 잔소리를 할 필요는 전혀 없는 것이다. 어차피 아이들은 성장하면서 공룡 눈이 세 개가 아니라 두 개라는 사실은 자연스럽게 깨닫게 되니까.

만들기를 할 때에도 힘세니는 무언가를 계획하고 만드는 것이 아니라 아무렇게나 만들고 보는 것이 특기였다. 우연히 어떤 모양이 되면 "내가 원래 만들려고 한 거였어!"라고 하고는 놀이를 시작하는 것이다.

블록을 마구 쌓았는데 우연히 산모양이 되었다면 "이건 산이야!"라고 하고, 점토를 주무르다 보니 뭔가 물고기 모양 비슷하게 되었다면 물고기 한 마리가 여행을 떠나는 이야기가 시작되는 것이다. 그래서 만들기 실력이 늘지 않고 역시 작품은 엉성하고 예쁘지 않아 보였지만 나는 이것도 "너는 네 스타일로 만드는구나!"라고 말해주었다.

힘세니는 일곱 살이 되었을 때에도 글씨도 잘 모르고, 셈도 잘 못하고, 그리기와 만들기도 어설펐지만 나는 힘세니를 다그치지 않았다. 만약 힘세니에게 만들기 재능이 있다면 열 살에 시작해도, 혹은 스무 살에 시작해도 금방 잘할 것이라고 생각했기 때문이다.

지금 여덟 살이 된 힘세니는 미술도, 읽는 것도, 셈하는 것도 또래에 비해 문제가 없다. 그런데 그것도 청소년기가 되면 또 어떻게 될지는 아무도 모른다. 나는 그저 흘러가는 대로 두고 있다. 그리고, 반드시 모든 분야를 다 잘해야 할 필요도 없고 말이다.

힘세니에게 평생 "너는 이것을 못한다"라는 말을 하지 않기로 한다.

인스타그램에 올리는 힘세니툰을 보고 댓글을 달아 주시는 부모님들 중에서 힘세니에게 책을 많이 읽어주었는지 물어보는 분들이 많다. 책을 많이 읽으면 아이의 어휘력이 올라갈 것이라고 생각하기 때문일 것이다. 그런데 솔직히 나는 독서량에는 크게 얽매이지 않았다. 사실 아이들이 읽는 그림책들은 엄마인 내가 읽기에는 내용도 별로 재미가 없었고 실생활에서 잘 쓰지 않는 문어체가 많아서 나는 책을 읽어주는 것이 지루했다.

그리고 사실 '책 많이 읽어주는 엄마'의 이미지는 지나치게 우상화되어 있는 측면이 있지 않나 싶은 생각도 있다. 개인적으로는 일주일에 서너 권 정도면 충분하다고 보고, 사실 우리 집은 이 정도가 지켜지지 않을 때도 많았다.

힘세니는 그림이 예쁘거나 문구가 반복되는 단순한 내용에는 흥미를 보이지 않았고 어렸을 때부터 스토리 위주의 책을 좋아했다. 그래서 나는 이야기에 기승전결이 있고 흥미진진한 내용의 책을 찾아서 읽어주려고 노력했다. 힘세니의 취향은 줄리아 도널드슨의 《막대기 아빠》, 윌리엄 스타이그의 《당나귀 실베스터와 요술 조약

127

돌》, 드류 데이월트의 《전설의 가위바위보》, 김지안 작가의 《내 멋
대로 슈크림 빵》 같은 책들이었다.

나는 책을 읽어줄 때에는 글자 그대로 읽어주는 것보다 그 내용
을 이해시키는 것을 주 목적으로 했다. 책에 '"오리를 잡아라!" 아이
들이 소리쳤다.'라고 써 있었다고 하더라도 "오리가 도망가기 시작
하니까 아이들이 오리를 잡으려고 쫓아오면서 소리쳤어. "저기 도
망가는 오리를 잡아!""라고 바꿔서 읽어주었다. 실제로 책을 읽을
때에 문장의 순서를 바꿔서 읽으면 아이가 이해하기 쉬운 경우가
굉장히 많았다.

또한 어려운 외국인 이름을 짧고 쉽게 바꾼다든지, 실제 대화에
서 잘 쓰지 않는 표현은 쉬운 표현으로 바꿔서 읽어주었다. 그리고
마음에 드는 그림은 힘세니와 함께 오래도록 보면서 내 마음대로
첨언하기도 하였다.

그리고 위인전이나 과학 그림책은 읽어주지 않았는데 어린 아이
를 위한 위인전이나 과학책은 지나치게 축약되어 있고, 충분히 검
증되지 않은 사상이나 이론이 담겨 있을 가능성도 있기 때문이었
다. 만약 아이가 이런 쪽으로 굉장히 흥미 있어 한다면 어린 아이를
위한 책이 아니라 청소년들이 읽는 책을 사서 엄마가 아이 눈높이
에 맞는 쉬운 말로 풀어서 읽어주는 것이 훨씬 더 도움이 될 것이라
고 생각한다.

내가 생각하는 영유아기 독서의 목적은 '아이에게 즐거운 이야기를 접하게 하는 것'이다. 우리가 말하는 문해력 문제는 한글을 깨친 후부터 스스로 읽어야 발달하는 것이지, 아기에게 책을 많이 읽어준다고 해서 문장력이 좋아지고 어휘력이 늘고 하는 것은 아니라고 생각한다.

그리고 사실 '사람이 살면서 반드시 문해력이 좋아야 할까?'라는 의문도 가진다. 남편 후니에게는 좀 미안한 이야기이기는 하지만 후니는 문해력이라고는 정말 꽝이다. 하지만 수학적인 머리가 좋아 문제없이 서울에 있는 공대로 진학했고, 백수 생활 없이 바로 취직했으며, 사회생활을 잘하는 둥글둥글한 성격이라서 제때 승진하면서 직장에 무난히 다니고 있기 때문이다.

나는 힘세니가 일곱 살이 되던 해에 겨우 운전면허를 땄다. 그 후로도 한동안 운전이 무서워서 어버버거렸고, 새로운 차도로 진입할 때마다 긴장해서 남편 후니 없이는 주차장 밖을 나가지 못했다. 바쁜 후니 시간이 될 때에만 주행 연습을 하다 보니 운전 실력은 잘 늘지도 않고 나갈 때마다 하기 싫어서 꾸역꾸역이었다.

어느 날 남편 후니가 "오늘은 여보가 운전해서 그때 갔던 카페까지 가 볼까?"라고 했는데 내가 순간 또 오만상을 찌푸려버렸다. 그러자 후니는 슬쩍 짜증을 내며 "어휴, 그렇게 하기 싫으면 하지 마, 운전. 그냥 안 하면 되잖아."라고 내뱉었다. 그런데 나는 그 말을 듣고 눈물이 마구 쏟아지기 시작했다.

사실 나는 운전은 적성에 맞지도 않고 정말 하기 싫었는데 나중에 힘세니가 커서 학원도 다니고 하면 태워다 줄 수 있을 정도는 되어야겠다고 생각해서 겨우 면허학원에 등록을 한 것이었다. 불친절한 강사님을 만나 마음고생을 했고, 도로주행 시험에서는 세 번이나 떨어지고, 겨우 합격은 했지만 아직 서툰데 연습할 차가 있어야한다면서 후니는 내 의견을 크게 묻지도 않고 중고차를 내 몫으로

계약해 주었다. 모든 것이 다 어쩔 수 없이 진행되어서인지 계속 끌려 다니는 기분이었던 것 같다.

그런데 거기에 "하기 싫으면 하지 마."라는 말은 얼마나 가혹한 가. 이미 나는 가장 어렵고 하기 싫은 관문을 겨우 통과해 놓았고 이제 운전에 재미를 붙일 수 있을 만큼의 수준이 되기 위한 학습량을 채우는 중이었다. 이미 반 이상을 지났는데, 여기서 그만할 수가 없다는 것을 나도 알고 남편도 아는데! 그 말은 진심도 아니고 대화도 아니고 그저 나를 궁지로 내모는 날 선 표출에 불과하지 않는가!

하기 싫은 마음은 내 감정이다. 행동에 대해서는 훈계할 수 있지만 감정에 대해서는 훈계할 수 없다. 열심히 가르치고 있는 후니도 힘이 빠지겠지… 하지만 그렇다고 해서 "네가 의지를 갖고 더 하자고 할 생각을 해야지, 겨우겨우 따라나선다는 게 말이 돼?"라고 하는 반응은 가히 폭력적이다.

그때 나에게 필요했던 것은 뭘까? "하기 싫겠지. 하지만 벌써 반은 한 거야. 조금만 더 참으면 너도 이제 자유롭게 운전할 수 있어. 여기서 포기할 수는 없잖아." 같은 말이 아니었을까.

눈물을 흘리며 나뒹굴고 있으니 후니가 와서 웃으면서 안아주며 이렇게 말했다.
"아아~ 얘 봐~ 정말~ 왜 울어~ 내가 심했어? 속상했어?"
그래서 나는 훌쩍훌쩍, 씩씩거리며 울부짖으며 말했다.

"나는 절대 힘세니한테 그런 말 안할 거야아아아아아앙~ 하기 싫으면 하지 말란 말 안 할 거야아아아아아앙~ 꾸역꾸역이지만 열심히 하고 있다고 말해줄 거야아아아아아아앙~ 벌써 혼자 공원은 운전할 수 있지 않느냐고 말해줄 거야아아아아아아앙~ 나는 힘세니의 감정에 대해서는 화내지 않을 거야아아아아아앙~ 흐어어엉~ 흐으으어어엉.."

그렇다. 나는 그동안 힘세니에게 얼마나 힘 빠지는 말들을 많이 해 왔는가? 한글 가나다 가르치면서, 수학 덧셈 뺄셈 가르치면서 "어휴, 그렇게 싫으면 하지 마."라는 말을 몇 번이나 했는지…

모든 것에 초보인 우리의 아이들에게 우리는 얼마나 너그럽지 못한 것인지. 힘세니를 키우면서 내 스스로 무언가의 초보자가 되어본 것은 너무 잘한 일이었다.

이 세상에 다 잘하는 사람 없다구요.

초등학생 시절, 나는 미술과 글쓰기에 꽤 재능이 있었다. 운동장 조회가 있는 날에는 항상 내 이름이 불렸고 나는 구령대에 올라 교장 선생님을 마주보고 서서 학교 대표로 출전한 사생대회나 글짓기 대회에서 주는 상장을 받았다. 전교에서 나보다 상을 많이 받는 아이는 없었다. 나는 칸을 나눠서 만화 그림을 그리는 것을 좋아했고, 하루에 일기를 세 페이지씩 쓸 정도로 글 쓰는 것에 푹 빠져서 여러모로 꽤 반짝반짝한 시절을 보냈다.

그렇지만 초등학교를 지나 중고등학교를 다니던 나는 학교 공부 이외에는 아무것도 한 것이 없다. 학교 미술 수업 이외의 시간에는 그림을 그리지 않았고, 혼자 소설이나 에세이를 써 본 적도 없었다. 만화책을 빌려보거나 게임을 하지도 않았으며 친구들과 여행을 가 본 적도 없었다. 아무런 취미가 없었던 것이다.

그렇다고 사교육에 내몰린 것도 아니라 학원이나 과외, 학습지 등을 하지도 않았고 그저 혼자서 학교 공부만 했다. 수학을 어려워 했는데도 수학 과외를 받아보고 싶다고 요구할 생각조차 안 했을 정도로 나는 그저 주어진 삶만 살았다.

내가 왜 그랬을까를 돌이켜 생각해 보면서 나는 내가 속했던 세상의 언어들을 마주하게 됐다. 조그맣던 나에게 누구 한 명이라도 "너는 그림을 잘 그리고 글을 잘 쓰니까 나중에 그런 일을 하면 되겠다!"라든가 "꼭 그 일은 아니더라도 잘 그리고 잘 쓴다는 것은 다양한 일에서 큰 장점이 될 거야!"라고 말해준 어른이 없었다는 것이다. 아니, 정말로 살아가는 데에 별 소용없는 일이라고 하더라도 "쓰고 그리기가 얼마나 근사한 취미가 될 수 있는데!"라고 누군가가 알려주었다면 어땠을까?

　나는 아마도 "그림 잘 그리네. 하지만 그걸로 먹고 살 것은 아니잖아."의 뉘앙스 속에 살고 있었을 것이다. "직업으로 삼은 다음에는 정상의 수준에 오르지 않으면 배를 곯는다는 것쯤은 알고 있지?"라는 눈빛을 받았을 것이다. 어쩌면 내가 수학 과외를 요구하지 못한 것도, 과외라는 것은 성적 최상위권 학생들의 영역이라고 느꼈기 때문인지도 모르겠다. 신분제에 갇힌 천민처럼, 최고가 될 것이 아니면 아무것도 해볼 필요가 없다는 것을 그냥 자연스럽게 받아들여 버린 것이다.

　일곱 살 무렵의 힘세니는 색색깔의 블록으로 팽이를 만드는 데에 푹 빠져 있었다. 어떻게 하면 빠르게 돌아가는지, 어떻게 하면 연두색의 날개로 보이는지, 어떻게 하면 더 오래 돌아가는지를 연구해서 나에게 보여주었고 유치원에서도 똑같이 만들어서 친구와 팽이 싸움을 한 후 승패의 원인을 분석하기도 했다. 팽이 돌리기라는 놀이를 하는 동안 힘세니는 정말로 많이 성장했다. 그렇게 힘세니는 한글과 알파벳을 깨치지 못해서 누군가는 '조금 늦은 아이'로 봤을 수도 있는 그 때에도 "우리 집 로봇청소기는 바퀴가 두 개인데 바퀴 하나가 어딘가에 걸리니까 꼭 팽이처럼 중심점이 하나가 되어버려서 제자리에서 혼자 빙빙 돌더라고."라고 관찰하는 아이가 되어 있었다.

그런 힘세니를 보며, 나는 절대로 나의 세계에 힘세니를 가두지 않고, 힘세니의 시간 안에서 충분히 넘실댈 수 있도록 응원해 주리라 다짐한다. 만약 힘세니가 열일곱 살에도 계속 팽이를 돌리더라도 "너는 그걸 좋아하는 구나!"라고 반겨주는 엄마가 되고 싶다. 팽이를 돌릴 때 드러나는 힘세니의 멋진 점들, 그것이 아무리 하찮아 보이는 것이라도 예쁘게 봐주고 싶다.

"팽이를 잘 돌린다는 것은 아주 멋진 일이야. 너는 팽이 돌리는 직업을 가질 필요도, 팽이 왕이 될 필요도 없어. 너는 무엇이든 될 수 있고, 네가 좋아하는 모든 일은 다 가치가 있으니까."라고 말해주는 엄마가 되고 싶다.

그리고 이 말은 사실이다. 무엇을 좋아한다는 것은 정말 아름다운 일이니까.

결과가 아니라, 아이의 모든 일상이 예술이고 작품이다.

'똑똑한 아이'라는 말의 허상

초등학교에 들어가면서, 아니 사실은 그 전부터 부모들은 아이의 교육에 신경을 쓰기 시작한다. 그런데 나는 이런 부모들을 보면서 이상한 점을 발견했다. 많은 부모가 자신의 아이가 '똑똑한 아이'가 되기를 바라는 마음을 가지고 있다는 것이었다.

'똑똑한 아이'라는 말은 정말 여러모로 이상하다. 일단은 '똑똑하다'라는 것이 어떤 것을 의미하는지 모호하지 않은가? 아스퍼거 증후군을 가지고 있어서 대화의 의미를 잘 파악하지 못하지만 테슬라 CEO 직을 수행하고 있는 일론 머스크는 똑똑한 것인가 바보 같은 것인가?

그리고 '아이'라는 것도 조금 이상하다. 사실 나의 자녀가 똑똑하길 바란다는 것도 조금 어폐가 있다고 본다. 개인적으로는, 지능은 유전적인 요소가 90%는 차지한다고 생각하기 때문이다. 하지만 만약 내 아이가 똑똑해지는 것이 가능하다고 하더라도 왜 우리는 '똑똑한 어른'이 아니라 '똑똑한 아이'가 되기를 바라는 것일까? 아인슈타인조차 어린 시절에는 성적이 그저 그랬다고 들었는데 말이다.

영어를 가지고 생각해보면 우리는 여섯 살짜리 아이가 간단한 회화를 하고, 초등학생이 영어로 된 발표를 하고, 중학생이 영어로 토론을 하는 모습을 보면서 '내 아이도 저렇게 키우고 싶다.'라고 생각을 한다. 그런데 결국 우리 아이들의 영어실력이 발휘되어 명예를 얻든 부를 쌓든 해야 하는 시점은 결국 성인이 되었을 때가 아닌가? 아이일 때 영어를 잘해야 하는 이유는 당장 이민을 가야 한다거나 하는 경우를 제외하고는 전혀 없다고 봐도 무방하다. 그리고 영어 잘하는 성인이 되기 위해서 굳이 학생 시절부터 영어를 잘 할 필요는 없다. 솔직히 말하면, 언어 감각이 있는 사람이라면 대학생이 된 후 어학연수 1년만 다녀와도 외국인과 자연스럽게 이야기할 수 있을 정도는 된다. 물론 원어민처럼 구사하기는 힘들 수 있다. 그렇지만 통번역사가 되는 것이 아니라면 굳이 원어민 같을 필요도 없다. 우리는 토익시험을 잘 볼 정도만 돼도 대기업에 갈 수 있다는 사실을 잘 알고 있지 않은가?

그래도 제대로 된 대학을 가려면 영어는 어느 정도 해야 하고, 그러니 어릴 때부터 노출시키면 좋지 않겠냐고 반문할 수도 있겠다. 그런데 외국영화를 자막 없이 볼 정도로 영어를 잘 하는 아이가 있다고 해 보자. 그 아이가 세계정세나 각종 철학적인 문제에 대해 영어로 글을 쓰고 토론을 할 수 있을까? 솔직히 말하면 한국 드라마를 자막 없이 보는 우리 어른들 중에서 그 드라마가 무슨 주제를 이야기하는지 논리적으로, 그리고 제대로 설명할 수 있는 어른은 몇이나 될까? 우린 한국어 원어민인데도 말이다.

"How are you doing?"을 본토 발음으로 묻고, 일상 대화를 진짜 원어민처럼 말하는 사람보다는 문체가 조금 딱딱하고 발음이 조금 어색하더라도 풍부한 어휘와 제대로 된 논리로 영작을 하고 토론을 할 수 있는 학생이 좋은 대학을 갈 수 있다. 그러니 굳이 아기 때부터 영어유치원에 다니면서 ABC 배우며 스트레스 받을 필요는 없을 것 같다고 생각한다.

그렇다면 정말 십대 후반이 되어, 혹은 성인이 되어 필요하고 유용한 영어 실력을 갖추게 되려면 어떻게 하는 게 좋을까? 아주 어린 나이에는 언어 감각을 기를 수 있도록 도와주면 되고, 초등학생 때에나 중학생 때에는 영어 공부를 너무 싫어하지 않게 만들어 주며, 고등학생 이후부터는 다니고 싶은 학원이나 공부방 등의 비용을 대주거나 필요한 책을 사주는 것 이외에는 해줄 수 있는 것이 없다는 것이 내 생각이다.

코딩이 중요한 시대가 되었다고 한다. 그래서 요즘에는 어린이집이나 유치원에서도 어린 아이들을 상대로 코딩 수업을 하기도 한다. 그런데 나는 다섯 살이 코딩을 배우는 것은 소용없을 뿐만 아니라 오히려 아이에게 해로운 일이 아닐까 싶다. 그 시기에는 코딩을 잘 하기 위해 필요한 사고력이 자라야 할 시기가 아닌가. 스마트폰을 개발한 사람은 어릴 때부터 스마트폰에 노출되어 있었기 때문에 그것을 발명할 수 있었던 것이 아니다. 그것을 생각해낼 만한 창의력을 발달시키고 있었기 때문에 스마트폰이라는 새로운 기계를 만들어낼 수 있었던 것이다. 그런데 왜 많은 사람들이 자녀가 아직 아이인 상태에서 어떤 공부 효과를 얻으려고 애를 쓰는 것일까?

　많은 소아정신과 의사들과 뇌 과학자들은 한국 나이로 7세까지 뇌의 생각하는 회로가 만들어진다고 하였다. 뇌는 한 가지 쪽에 가지를 치기 시작하면 다른 쪽은 급격히 퇴화되는 경향이 있다고도 하였다. 어린 나이에 주어진 정보를 주입하고 외우게 하고 학습이라는 것에 뇌를 적응시켜버리면 새로운 것을 만드는 쪽의 길은 사라진다는 것이다. (유튜브에서 신의진 교수님이나 김경일 교수님이 창의력에 관해 이야기해주는 강의를 찾아서 들어보는 것을 추천한다.)

　나는 자신이 어른이라는 이유로 양육자가 자기 아이의 삶에 깊이 침투해서 벌이는 일들에 대해 정말로 회의적이다. 우리는 우리의 팀원이 배움의 기초가 되는 회로를 묵묵히 만드는 동안 방해만 하지 않으면 된다. 우리가 아이에게 주어야 할 사랑은 팀원으로서의 응원뿐이다.

　덧붙여서, 우리 어린이들이 자라서 어른이 되었을 때 영어나 코딩 같은 것은 별로 쓸모없는 기술일지도 모른다는 합리적 의심도 함께 여기에 놓아둔다.

속담책을 보다가, 갑자기 직접 속담을 만들어보았다.

제4장

'마음의 힘'을
위한
사랑법

이 세상에는 어중간한 재능으로 인해 스트레스를 받는 사람들이 정말 많다. 완전히 바보도 아니지만 천재도 아니고, 끊임없이 나보다 나은 사람들과 자신을 비교하고, 노력으로 어느 정도 올라가지만 그 이상은 벅찬 그런 사람들이 사실 우리의 대부분이라고 할 수 있다.

능력 뿐만 아니라 외모, 재력, 집안, 직업 등등으로부터 자격지심, 피해의식, 질투, 과한 선망 같은 것들이 만들어진다. 하지만 아예 이런 감정 없이 살 수 있는 사회인은 얼마 안 된다고는 하더라도, 생각보다 쉽게 이겨내는 사람들은 꽤 있다. 그리고 우리가 주목하는 '자존감'이라는 것이 그 열쇠라는 점에는 전문가를 비롯해 많은 사람이 동의할 것이다.

그런데 자존감이란 무엇일까? 사실 어려운 말이다. 나는 자존감이란 '흔들리지 않는 것'이라고 생각한다. 어떤 기준, 그리고 그 기준으로부터 벗어났을 때 내려지는 평가들에 대해 흔들리지 않고 혹은 흔들릴 필요가 전혀 없다고 생각하는 것이다. 그리고 그 기준 자체도 별로 신뢰하지 않는 것이 출발인 것 같다. 내 경험상 너무 이상한 기준에 이상하리만큼 크게 집착하면서 자존감은 무너지기 시작한다. 흔히 자존감을 자기 객관화가 잘되는 것으로 이야기하기도 하는데 그것보다도 자신의 그 객관화된 사실들에 대해 감정이 지나치게 실리지 않아야 자존감이 크다고 할 수 있는 것 아닐까 싶다.

예를 들어서, 힘세니는 지독한 길치여도 그 사실에 스트레스를 받지 않고 "나는 길을 잘 못 찾아."라고 말하는 것과 같은 것이다. 마치 "나는 성이 김 씨야."라고 하듯 사실을 자연스럽게 말할 수 있되, 거기에는 '길을 잘 모르는 것=창피한 것'과 같은 가치 판단을 넣지 않는 것을 뜻한다. 그래서 내가 "너는 길은 잘 모르지만 잘 아는 다른 것들도 있잖아."라고 위로하면 왜 위로를 받는지 알 수 없다는 듯이 "아니, 다른 것도 잘 모르는데 왜 굳이 다른 잘 아는 것을 생각해야 되지?" 하고 되묻는 그런 것 말이다.

흔히 사회적으로 부정적으로 인식되는 사실들이 있다. 예를 들면, 성적이 나쁨, 뚱뚱함, 가난함, 느림, 서투름과 같은 것들. 그런데 그것에 가치 판단을 빼고 말할 수 있다면 탄탄한 자존감이 준비된 것이라고 생각한다.

사실 나도 내가 뚱뚱하다는 것에 대해 크게 자격지심이 없고 그냥 내 체격의 특성이라고 생각하기 때문에 "나는 발 사이즈가 240이야."라고 말하듯 내 체중을 만천하에 말할 수 있다. 누군가 나에게 "자기관리가 부족한 것 아니야?"라고 말해도 나는 흔들림은 없다. 웹툰 작가가 되겠다는 내 꿈을 위해 나는 하루 종일 앉아서 그림 연습을 하고, 책을 내기 위해 글을 쓰고, 집안일이 밀리지 않도록 신경을 쓰고, 학교에 다니는 아이를 잘 돌보며 하루를 보내고 있기 때문에 체중 관리는 확실히 부족했을지 몰라도 자기 관리 부족은 아니기 때문이다. 세상의 기준에 대해 살짝 심드렁하면 오히려 장기적으로는 성장의 발판이 될 수 있다!

어차피 이 세상에 완벽한 사람은 없다. 완벽해지려고 노력하는 게 아니라 내가 하고 싶은 것을 오늘보다 내일 더 잘하고 싶어서 노력할 수 있다면 그것이 자존감이 높은 사람이 아닐까 한다.

만약 그것이 내가 아이에게 바라던 '마음의 힘이 센' 것이라면 나의 아이가 그 힘을 가질 수 있도록 부모인 나는 어떻게 해야 할까? 어떤 특정한 이상적인 모습을 바라는 것이 아니라 조금은 심드렁해 보일지라도 그저 아이의 모습을 지켜봐주는 것이 아닐까? 그러기 위해서 나는 결심했다. 너무 많은 '조언'을 하지 않기로 말이다.

일방적으로 조언하기 보다는 서로 이야기를 나누는 것을 나는 더 선호한다.

힘세니는 여덟 살이 되어 학교를 다니는 지금도 친구를 처음 사귈 때나 낯선 환경에 놓였을 때 조심스러워하는 면이 있다. 물론 어릴 때에는 더 심했다. 힘세니는 네 살 때부터 어린이집에 다니기 시작했는데 처음에는 그저 새로운 환경에 적응하고 여러 가지 특별활동을 열심히 하며 등원하더니 네 살이 끝날 무렵, 그러니까 딱 세 돌 즈음에 친구와의 관계에 신경을 쓰기 시작했다.

그 무렵 힘세니가 집에 와서 나에게 가장 많이 한 말이 있다.

"친구가 같이 놀기 싫다고 해서 혼자 놀았어."

"같이 놀이를 했는데 친구가 금방 다른 곳으로 가버려서 나는 혼자 놀았어."

지금에서야 생각해 보면 그 또래 아이들은 심지어 아직 말을 제대로 하지도 못하는 아이도 있었을 정도로 조그마한 녀석들이라서 같이 놀다가 흩어지기도 하고, 감정적으로 싸웠다가도 금세 다시 붙어서 놀기도 하는 그런 때였기 때문에 별일도 아니었겠지만, 아이에게 그런 이야기를 들은 초보 엄마의 마음은 철렁했다.

하지만 나는 그런 이야기를 듣고도 크게 반응하지 않으려고 노력했다. 그저 "속상했겠네… 그런 날도 있지 뭐. 꼭 놀이를 같이 하지 않더라도 옆에서 노는 것도 같이 노는 거 아닐까?"라는 말들을 해 주었다. "네가 먼저 다가가 봐. 장난감 가지고 가서 나랑 놀자고 먼저 말해 봐." 같은 말은 일체 하지 않았다.

대신 나는 힘세니의 가장 취약한 부분인 레고를 가르쳐줬다. 레고로 무언가 만들기 위한 기본 원칙인 아래에서 위로 쌓아야 한다는 것이라던가 두 개를 이으려면 사이에 다른 블록을 붙여야 한다는 것조차 힘세니는 자꾸 까먹을 정도로 이런 방면에 소질이 영 없었지만, 그저 여러 개를 꼼꼼하게 채워 붙여서 튼튼한 큰 네모라도 만들 수 있도록 가르쳐주었다. 그리고 아이와 함께 그것을 만들어서 아이와 같이 놀이를 해 주었다.

얼마나 시간이 지났을까… 어느 날부터 하원했을 때 힘세니의 기분이 좋아 보였다.

"엄마! 오늘 어린이집에서 친구들이랑 레고 가지고 놀았어! 공룡 만들었는데 되게 재미있었어!"

내가 "너는 친구들보다 레고를 잘 못 만들지 않아? 그래도 한번 해봤어?"라고 물었더니 힘세니는 이렇게 말했다.

"나는 멋지게는 못 만들어도 튼튼하게 만들 수 있었어!"

그 말을 듣는데 마음이 찡했다. 우리가 아이에게 해야 할 것은 잔소리가 아니라 자신감을 심어주는 것이었구나… 그리고 그 다음 말은 정말 멋졌다.

"엄마! 그리고 친구가 레고를 멋지게 만들었길래 내가 멋지다고 하면서 나도 좀 만들어달라고 했거든? 그러니까 친구가 똑같이 만들어줘서 나도 그거 갖고 둘이 놀이했어!"

힘세니는 친구를 만들고, 친구와 함께 노는 힘세니만의 방식까지 만들어 낸 것이었다!

물론 내가 아이에게 조언을 해줄 수도 있었을 것이다. "친구랑 놀고 싶으면 네가 더 적극적으로 함께 놀자고 해 봐.", "친구가 토라진 것처럼 보이면 기분이 풀리고 나서 함께 놀자고 다시 한 번 말해 봐.", "선생님께 도움을 요청해 봐." 같은 말들 말이다. 그리고 아이가 그대로 했을 때 효과도 있었을 것이고, 어쩌면 그것이 친구를 만들고, 친구와 함께 놀 수 있는 더 빠른 길이었을지도 모른다.

하지만 "무언가를 해 봐."라는 말 속에는 부정적인 어감이 숨어 있다. "왜 진작에 그렇게 못했니?"라는 핀잔 어린 감정 말이다. 아무리 다정하게 말한다고 해도 그것을 스스로 알아서 하지 못했다는 생각을 조금이라도 심어주지 않을 수는 없을 것이다. 결국 아이는 '내가 엄마에게 조언을 듣기 전에 스스로 했다면 더 멋진 아이였을까?'를 생각하게 되지 않을까.

조언을 한다는 것은 그런 부정적인 어감 이외에도 '친구랑 잘 지내는 아이가 되어야 한다.'라는 암시를 줄 수도 있다. 그런데 생각해 보면, 당연히 그래야 하나? 정말로? 정말로, 만약 정말로 그렇다고 해도, 그런 암시를 준다고 해서 아이에게 어떤 좋은 점이 있을까?

나는 다시 후니와의 로맨스, 그리고 맹목적인 사랑과 신뢰와 팀워크에 대한 이야기로 돌아와 본다. 내가 "예뻐지고 싶어."라고 말하면 다른 사람들은 "그렇다면 운동을 해서 살을 빼고 피부 관리를 해 봐."라고 조언할 것이다. 하지만 후니는 분명히 이렇게 대답할 것이다.

"못생기면 좀 어떠냐? 나는 네가 어떻게 생겼든지 상관없이 너를 사랑하는데!"

내가 이렇게 이야기하면 어떤 사람은 "로맨틱하기도 하네. 그런데 그게 정말로 아내를 위하는 길일까? 그 아내는 그 말만 믿고 살도 안 빼고 그냥 엉망진창으로 살 거 아냐?"라는 말을 할지도 모른다. 그런데 생각해보면 이것은 육아를 하면서도 가장 많이 하는 말 아닌가?

"내가 제대로 가르치지 않으면 아이는 아무것도 배우지 못하고 또래보다 뒤처지지 않을까요?"

그런데 생각해 보자. 우리는 아무리 살을 빼라고 해도, 빼지 않을 사람은 빼지 않을 것임을 안다. 반대로 아무리 주위에서 "너 정도면 적당한 거지."라고 해도 자신이 스스로 부족하다고 느끼면 운동을 시작하는 것이 사람 아닌가?

우리는 그 사람 고유의 의지를 너무나 무시하는 경향이 있다. 잔소리를 아무리 해 봐야 잔소리로 그칠 뿐 그 사람의 인생을 흔들지는 못한다. 그저 서로 기분만 상할 뿐이다. 어린이라면 주눅이 들고 말이다.

고작 네 살짜리 힘세니도 자신이 친구들과 달리 쉽게 어울리지 못하며, 용감하게 먼저 잘 다가가지 못한다는 것을 인지하고 있었을 것이다. 그리고 자신이 먼저 함께 놀자고 했음에도 돌아서버린 친구의 뒷모습을 봤을 것이다. 그러니 아이에게 "꼭 친구랑 잘 지내야 한다."라는 이야기를 다시 한번 더 할 필요는 전혀 없었다. 전혀.

나는 가슴 속에 품은 로맨스를 끄집어 올리면서, 조언이 아니라면 나는 어떤 것을 해줘야 하는지 생각해 보았다. 그리고 답을 찾았다.
"네가 뭘 하든 내가 널 사랑해. 네가 걱정하는 것을 다 잊을 만큼 즐거운 놀이를 우리 함께 해 볼까?"

부모의 일은 어지러운 생각들을 한번 정리해주는 것, 선택할 수 있도록 끝까지 기다려주는 것, 그리고 아이의 선택을 응원해주는 것뿐이다. 사랑을 주는 것 이외의 나머지 일들은 부모의 소관이 아닌 것이다. 모든 것은 그 사랑을 먹은 힘세니의 엔진이 스스로 돌아가며 해 나가는 것뿐이다. 죽이 되든 밥이 되든 말이다.

우리는 모두 충분히 매력적인 사람인걸.

전문가들은 어린아이에게 가장 중요한 것은 주 양육자와의 애착이라고 말한다. 애착은 이 사람이 나를 사랑한다는 것을 믿는 강한 신뢰감이다. 그래서 양육자가 나를 두고 잠깐 어딘가에 가더라도 약속한 때에 돌아올 것이라고 믿는 것, 나에게 화를 내거나 혼을 내어도 그것이 나를 염려하고 있기 때문이라는 것을 믿는 것이다. 그리고 이 믿음은 어떤 어려운 일이 일어난다고 하더라도 나에게는 함께 그 문제를 이겨낼 사람이 있다는 안도감과 자신감과 용기가 되어 준다.

사실 나는 처음에 '애착'이라는 말을 들었을 때 그것이 무엇인지 잘 와닿지 않았었다. 그런데 연인을 생각하니 이해하기가 쉬워졌다. 내가 떠올린 것은 '낮져밤이'의 연인인데 '낮에는 지고, 밤에는 이긴다'라는 이 말은 낮에는 고분고분하고 다정하여 나를 편안하게 해 주고, 밤에는 과감하게 나를 이겨 먹는 사람이 좋다는 뜻으로 연인 간에 사용되는 섹슈얼한 뉘앙스의 유행어이다.

그런데 사실 이 두 가지는 동시에 진행되어야 만족스러운 일이다. 낮에도 거칠고 밤에도 거칠면 폭력적인 것이고, 낮에도 온순하고 밤에도 밀어붙이는 것이 없다면 나를 섹시하게 여기지 않는 기

163

분일 것이다. 하지만 낮에 잘해준다면 밤에 조금 짐승 같더라도 무섭지 않을 것이고 밤에 열정적이라면 낮에는 조금 무심해도 자존심이 상하지 않을 것이다.

이렇게 나는 연인 혹은 부부에게 동료애나 책임감과 같은 감정, 그리고 성적인 긴장감 두 가지가 병행되었을 때 애정과 신뢰에 좋다는 사실을 먼저 상기했다. 그리고 육아에서는 애착이 그런 비슷한 것이 아닐까…? 귀여운 아이를 이런 응큼한 욕망 이야기에 끌어들이는 것이 조금 미안하긴 하지만 꿋꿋하게 이 두 가지를 비교해 보자면, 육아에서도 마찬가지로 동료 의식과 긴장감 두 가지가 병행되어야 하는 것 같다.

동료 의식은 양육자도 실수할 수 있는 평범한 사람이며 그렇기에 양육자와 아이는 서로 함께 도와가야 하는 존재라는 것을 인식하도록 해 준다. 아이가 자유롭게 자신의 생각을 말하고, 어떤 경우에도 크게 주눅이 들거나 어떤 일을 대할 때 두려워하는 마음이 들지 않아야 자존감도 강해지고 창의적으로 클 수 있을 것이다. 그런데 또 한편으로는 양육자를 너무 동료로만 생각하면 안 된다. 어려운 일이 있을 때, 정말 크나큰 위기가 닥쳤을 때, 너무 힘들어 주저앉고 싶을 때, 누구보다 멋있는 슈퍼맨처럼 나타나 도와줄 수도 있는 그런 존경할 만한 인물로 생각되는 측면도 있어야 하는 게 맞다고 생각한다.

그렇다면 우리는 아이를 언제 이겨야 할까?

아이를 키우면서 많은 육아서를 읽고, 많은 육아 콘텐츠 영상을 찾아 보았다. 육아 전문가들의 조언들은, "예민해져라" 와 "너무 예민하게 굴지 말아라."라는 두 개의 주장들로 이루어져 있었다. 이렇게 상반된 두 가지가 동시에 강조되는 것이다. 그래서 나는 이 이야기들을 자기의 불안과 걱정에는 조금 덜 예민하고, 아이의 상태에는 예민해야 하는 것이라고 받아들였다.

어떤 사람은 본인은 굉장히 예민한데 다른 사람을 돌보는 일에는 서투르다. 본인이 예민한 것과 다른 사람을 예민하게 돌보는 것은 조금 다른데, 후자는 비서실장이 회장님을 의전하는 것 같은 예민함을 말하는 것이다. 아이가 지금쯤 더울 것인지 추울 것인지 상황을 계속 주시하고, 우리 아이는 이런 것을 싫어하고 이런 것을 좋아하는구나를 계속해서 관찰하는 것 말이다.

아이 기질이 수더분하다면 별로 해당하지 않겠지만 특히 예민하다고 평가받는 아이에게는 예민한 양육자가 너무나 필요하다. 그 마음을 이해해주고, 싫은 것이 되도록 없도록 돌봐주는 것 말이다.

힘세니는 예민한 아이이기 때문에 나는 항상 봇짐을 가지고 다닌다. 나들이를 갈 때에는 추울 때를 대비한 외투 한 벌, 혹시 뭔가를 엎질러서 옷을 갈아입어야 하는 경우를 대비해서 상하 여벌 옷과 양말, 손이 심심할 때를 대비해서 작은 피규어, 당이 떨어지면 먹일 초콜릿이나 사탕, 그리고 물을 넣는다. 이것을 여덟 살인 지금도 하고 있고 아마 초등학교 고학년 때까지는 하게 될 것 같다.

물론 너무 힘든 일이다. 내 몸 하나 건사하기도 지치는데 애 짐을 바리바리 싸 들고 다니려니 체력이 따라오지 않았다. 그런데, 그렇게 했더니 힘세니가 짜증을 내는 일이 훨씬 줄어들었다. 컨디션이 나빠질 것 같을 때마다 엄마가 해결해주니 말이다. 그리고 더 중요하게는, 이것이 나의 포트폴리오 같은 것이 되어주었다.

"날씨가 춥네. 오늘은 이거 입어."

"싫은데?"

"이걸 입어야 감기 안 걸릴 수 있어. 지난번에도 엄마가 입혀줘서 감기 안 걸렸잖아?"

그 포트폴리오는 이런 대화를 만들어 낼 수 있는 증거자료가 되는 것이다. 이런 경험이 반복되니 "입자." 한마디에도 아이는 군말 없이 엄마가 건넨 옷을 입는 멋진 코스를 밟게 되었다.

힘세니는 이렇게 비교적 통제가 잘 되는 아이였는데, 천성이 약간 온순한 편인 덕도 있긴 하지만 힘세니에게는 '엄마가 하라는 대로 하면 나는 대부분은 안전하고 즐거울 것이며 불가피할 경우에는 엄마가 반드시 설명해줄 것이다.'라는 믿음이 있었던 것 같다. 사실,

예민하고 따지기를 좋아하는 힘세니에게는 양육자인 엄마가 충분히 검증된 인물이라는 확신이 필요했을 것이다.

만약 엄마의 지시에 아이가 쉽게 짜증을 낸다면 "엄마는 또! 또! 왜 자꾸 내가 싫어하는 걸 시켜!"라는 의미일 수도 있다. 하지만 엄마가 평소에 지시가 많지 않고 꼭 필요할 때에만 지시하며 그것이 나에게 도움이 되는 일임을 꾸준하게 느낀다면 당연히 짜증은 줄어들 것이다.

다시 한번 낮져밤이 이야기로 돌아가보자. 친구가 오랜만에 집에 놀러 왔는데 같이 있던 남편은 나에게 너무 장난을 치고 놀린다. 그러면 아내는 친구 앞에서 이렇게 말하는 것이다. "어휴, 우리집 남자가 지금은 이렇게 친구처럼 장난만 치는데, 밤에는 얼마나 응큼한지 몰라!" 이번에는 남편이 약간 무뚝뚝한 경우를 상상해 보자. 그러면 아내는 친구 앞에서 이렇게 말할 것이다. "우리 그이가 이렇게 무심해 보이지만, 밤에는 얼마나 달려드는지 몰라!"

낮져밤이 남편과 사는 아내는 남편의 짓궂은 장난도, 혹은 무뚝뚝함도 살짝 용서하는 경향이 있지 않은가. 왜냐하면, 남편이 나를 애정하며 나를 원하고 있다는 것을 느끼기 때문이다.

마찬가지로 친구 같은 엄마, 자꾸 실수하는 엄마라고 해도 신뢰가 쌓인 엄마라면 아이는 친구 앞에서 이렇게 말할 것이다. "우리 엄마가 저렇게 친구같이 웃겨도, 사실 내가 어려움에 빠졌을 때에는 히어로처럼 해결해 줘!" 혹은 그동안 신뢰가 쌓인 아빠가 어느 날 아이에게 야단을 친다면 아이는 이렇게 생각할 것이다. '아빠가 지금 화를 내는 이유는 나를 싫어해서가 아니라 내가 한 행동이 위험하고 해롭기 때문이야.'

아이를 키울 때 중요한 내용은 양육자가 결정해주어야 한다. 아이에게 너무 큰 책임을 씌워서는 안 된다. "지금 빨간불인데 횡단보도를 건널지 말지는 네가 정해. 대신 건너다가 다치면 너의 책임이야."라고 말할 수는 없지 않은가? 실패하고 잘못되더라도 그 해로움이 크지 않은 것들에게만 결정권을 주어야 하는 것이 당연하다. 그래서 부모가 사소한 것들에 결정권을 주다가, 어떤 것은 독단적으로 처리할 때 아이가 이상하게 여기지 않고 그 이유가 분명히 있으리라고 믿는다면 우리는 결국 이긴 것 아닐까?

나 또한 정말로 실수투성이 엄마이지만 그래도 어쩐지 엄마를 믿고 엄마에게 기대고 싶고, 잔소리를 하기는 하지만 진짜 큰 잘못을 했을 때에는 엄마가 나서서 해결해 줄 것만 같은 그런 양육자가 되어 주자는 다짐을 많이 한다. 그래서 내가 조금 피곤할 때, 어떤 일에 서투를 때, 무언가로 아이에게 화를 낼 때에도 아이가 지나치게 겁먹거나 반대로 나를 무시하지 않도록 하는 것이 중요하다고 생각한다. 동료이기는 하지만 사실 중요한 순간에는 이기는 동료가 되어 주는 것 말이다.

그리고 내 말을 따르도록 유도하는 그 근거는 단지 내가 아이보다

덩치가 더 커서, 내가 나이가 더 많아서, 내가 할 수 있는 것이 더 많아서가 아니라, 아이와 함께 여러 일을 겪으며 쌓인 확실한 경험을 통해서 획득하고 싶다. 그래서 아직도 나는 봇짐을 싸가지고 다니며 예민한 힘세니 회장님을 보필한다. 힘세니를 납득시키기 위해서.

나를 회장님 보필하듯 사랑해주는 애인이 있다면 자존감은 폭발할 만큼 올라간다. 보잘것없는 자신이 매력적이게 느껴진다. 어떠한 도전도 눈치 보지 않고 편안하게 하게 된다.

새로운 헤어스타일을 하러 미용실을 갔는데 예상과 다르게 머리는 심하게 망치고 결국 우스꽝스러워졌는데도 나의 애인이 내게 키스를 퍼붓는다면 나는 다음에도 새로운 헤어스타일을 자신 있게 시도해볼 수 있지 않은가.

요즘 내가 로맨스 웹툰을 구상하고 있어서 자꾸 이런 쪽으로 이야기가 흘러가고 있지만, 하여튼 내가 하고 싶은 이야기는 이것이다. 든든한 양육자가 있는 아이가 스스로를 매력적으로 느끼고 무엇이든 도전할 용기를 갖게 될 것이라는 사실. 도전에 실패해도 양육자는 웃어줄 것이고, 도전에 성공하면 함께 기뻐할 것이며, 만약 정말로 위험해서 하면 안 되는 것이었다면 분명히 양육자가 자제시켰을 것이라는 믿음이 있을 테니 말이다.

스스로를 사랑하고 아껴주면 자존감이 올라간다는 말은 다 거짓이다. 아무리 스스로를 어여삐 여기고 싶다고 해도 가장 가까운 사람이, 사랑하는 사람이 나의 자존감을 짓밟으면 아무 소용이 없다.

　나이가 많든 어리든 우리 모두에게는 사랑이 필요하다. 만약 나에게 그러한 애인이나 친구가 없다고 해도, 우리의 아이에게는 그런 양육자가 되어줄 수 있다.

따뜻하고 든든한 양육자의 길을 걸어볼 테다!

_____

_____

세상은 예쁜 것과 미운 것이 버무려져 있다. 그런데도 그런 일상을 살면서 우리가 힘을 내어 또 다른 하루를 시작할 수 있는 것은 예쁜 것을 본 기억, 그것으로 언제든 돌아갈 수 있다는 마음이 있어서인 것 같다. 그래서 나는 힘세니에게도 그 예쁜 것을 잘 기억할 수 있도록 해주고 싶고, 매일 비슷한 하루 중에서도 긍정적인 것에 대해 더 집중할 수 있도록 해주고 싶다는 생각을 하고는 했다.

그러던 어느 날 유튜브에서 조세핀 김 교수의 강의를 보다가 좋은 방법 하나를 배웠다. 바로 아이에게 "No"라고 말하지 않고 관심을 다른 쪽으로 돌리는 방법이다. 예를 들면, 아이가 더러운 물건을 만지려고 할 때 "그거 만지지 마!"라고 말하기 보다는 "엄마 손 잡아 볼까?"라고 말하는 것이 더 좋다는 것이었다. 그런데 이것은 눈을 돌리게 하는 방법이기도 하지만 다르게 생각해보면 새로운 대안을 제시하는 것이기도 하다. 그 더러운 것 '대신' 따뜻한 엄마의 손을 잡아보게 하는 것이니까 말이다.

이런 비슷한 이야기는 어떤 유대인 가족의 다큐멘터리에서도 본 적이 있다. 그 영상 속의 어머니 또한 추운 날 아이가 "밖에 나가서 비눗방울을 불면 안 될까요?"라고 물었을 때 "지금 날씨가 추워서 안 돼."가 아니라 "지금 밖은 추우니까 대신 집 안에서 비눗방울을 불 수 있는 장소를 찾아보자."라고 다른 대안을 제시하는 모습을 보여주었다.

이런 경험들은 아이의 행동을 거절하거나 무시하는 것이 아니라 아이의 요구를 어느 정도는 충족시켜주는 상황을 제시하기 때문에 아이의 자존감 형성에 좋을 것 같다고 생각했다. 그리고 내 경험으로 봤을 때 대안적 상황 제시법은 아이를 창의적으로 키우는 데에도 기여한다. 어떤 장애물에 부딪혔을 때 "에이, 안 되네." 하는 것보다는 "대신 이렇게 하면 될 수도 있겠지?"라고 할 수 있기 때문이다. 일단 '안 된다'는 것은 머릿속에 없는 것이다.

사랑받고 인정받은 경험이 인생 전반에 걸쳐 아이를 일어서게 하고, 생각하게 하고, 자라게 한다면 참 좋을 것 같다.

엄마가 존재하는 이유는 이런 게 아닐까?

우리는 선물을 준비하는 재력이나 노력보다도 '무심코 한 말을 흘려듣지 않고 기억하는 세심함'에 감동한다. "스쳐 지나가는 말로 '저거 예쁘다.'라고 했는데 다음날 남자친구가 그걸 사 왔어요."라는 자랑 섞인 말은 얼마나 멋진 설렘 포인트인가. 그래서 나는 아이가 하는 말을 그냥 듣고 넘기지 않는 것은 굉장히 쉽게 할 수 있는 사랑 표현법이라고 생각한다.

아이의 말을 그냥 넘어가지 않았다는 것은 모든 요구를 다 들어주었다는 이야기가 아니다. 어떤 말도 의미 없다고 치부하지 않았다는 것이다. 예를 들면, 아이로부터 "저거 갖고 싶어."라는 말을 들었다면 "그런 마음이 들 수 있지. 엄마도 예쁜 옷 보면 사서 입고 싶더라."라는 식으로 '응수'를 했다. "저게 갖고 싶다고? 엄마가 보기에는 되게 별론데?"라고 툴툴대며 맞받아친 적도 물론 있다. 어쨌든 못 들은 척을 하거나 "다음에 사줄게."라고 해놓고 그냥 지나친 적은 없었다. 특별한 사유에서든 단지 내 기분 때문이었든 아이에게 거절을 나타냈을 때, 다음에 사준다는 말 따위는 없도록 했다. 그리고 시간이 한참 지난 후에 "예전에 네가 그거 갖고 싶다고 했을 때 엄마가 안 사줬잖아. 여기 비슷한 게 있네. 이거는 어때?"라고 물어보는 깜짝 이벤트 같은 일들도 가끔 벌였다. 어쨌든 나는 '네가 한 말을 대충 듣지 않는다.'라는 것을 끊임없이 보여주려고 했다.

무시당하는 말이 없게 되면 아이의 괴팍한 행동이 줄어든다. 말로 해도 양육자가 귀를 기울이기 때문이다. 실제로 사소한 일에도 짜증을 내는 아이들의 양육자들을 보면 은근히 못 들은 척을 하거나 빈말로 얼버무리려고 하는 모습들을 많이 볼 수 있다. 하지만 정면 돌파해서 집요하게 그렇게 하는 이유를 묻고, 아니면 아니다, 맞으면 맞다고 하고 그 이유까지 설명해주는 확실한 태도가 장기적으로는 훨씬 에너지를 절약하는 일이다.

아이에게 안 된다고 말하는 것에 대해 너무 두려워할 필요가 없다. 시간을 들여서 아이의 이야기를 들어주면 아이는 거절을 당하더라도 억울함이 적기 때문이다. 양육자가 일단 본인의 이야기를 충분히 다 들은 후 이런저런 이유로 거절하는 것이기 때문에 '엄마는 내 마음도 모르면서!'라는 생각이 들지 않게 된다. 그렇게 했음에도 만약 아이에게 반항심이 생긴다면 아이도 마찬가지로 조목조목 따지고 들면서 토론을 벌이게 될 수는 있겠지만 토론이야말로 서로를 이해하는 데에 가장 좋은 방법일지도 모르고 말이다.

무엇보다도 힘세니는 '우리 엄마는 나를 사랑해서 내 이야기를 잘 기억해.'라는 마음을 가질 수 있게 된다. 자기 자신이 양육자에게 무척 특별한 존재임을 느낀다면, 그것은 분명히 자존감의 큰 바탕이 될 것이다.

덧붙여서, 이런 대화 습관은 아이의 언어발달에도 영향을 미치는 것이 아닐까 하는 조심스러운 의견을 내 본다. 힘세니는 기본적으로 대화의 핑퐁이 굉장히 잘 되는 아이였는데 이것도 아이의 말에 반드시 대답을 해 주는 내 습관의 덕을 보았다고 느껴지는 측면을 보았기 때문이다.

보통 두 돌 전후의 아주 어린 아기들은 '반향어'까지는 아니더라도 어른의 말을 반복해서 따라하고는 한다. 예를 들면 엄마가 "날씨가 추우니까 옷을 더 입자."라고 말하면 아기는 "날씨, 추워? 날씨, 추워! 날씨가 추워서, 옷을 입는 거야!"라고 엄마의 말을 따라 하며 언어를 익히는 특성이 있다. 그런데 힘세니는 그러한 모방을 전혀 하지 않았다. 내가 "날씨가 추우니까 옷을 더 입자."라고 하면 그말에 대한 '대답'을 했는데 이를테면 "그래, 알겠어!"라고 한다던가, "추우면 감기에 걸릴 수도 있으니까?" 하고 묻는 식으로, 내 말의 반복과 변형으로 소위 '자습을 하는 듯한' 말이 아니라 '상대방에게 필요한 말'을 했다.

사실 나는 힘세니의 저런 특별한 발화법을 평소에는 알아채지 못하고 있다가 힘세니 또래의 아이들을 만나면서 뭔가 좀 다르다는 것을 느끼고 '그것이 뭘까?' 생각하고 아이들을 관찰해 보았다. 그리고 찬찬히 보니 다른 양육자들은 혼잣말을 하거나 아이의 말에 즉각적으로 정확한 답을 하지 않기 때문에 아이도 '대화'보다는 그냥 '발화'에 집중하는 것 같다는 생각을 한 적이 있다.

그리고 몇 년 전에 〈영재발굴단〉이라는 TV 프로그램에 어느 과학 영재와 그의 청각장애인 부모님 두 분이 출연하신 적이 있었는데, 그 프로그램에서는 두 분께서 아이의 말을 흘려듣지 않기 위해 계속 아이의 입 모양을 보면서 집중하시는 양육 태도를 가지고 계셨음을 중요하게 다루었었다. 그럼 점을 비추어 보면, 아이의 말을 경청하는 것이 아이의 두뇌에 긍정적일 것이라는 나의 조그마한 의견도 꽤 일리가 있지 않을까 생각한다.

심각해지지 말고 예쁜 말로

언젠가 어떤 엄마가 인스타그램에 패션테러리스트 아이 때문에 곤혹스럽다는 내용의 게시물을 올렸다. 그러자 주르륵 댓글이 달리기 시작했다. 화창한 날 장화, 한여름에 털옷은 기본이고 겨울왕국 유행이 휩쓸 때에는 장소 불문 엘사 드레스, 번개맨 시즌에는 번개 파워 옷이 창궐했으며, 어떤 아이는 애완견의 옷을 입었다는 글까지 있었다.

그 댓글들을 보면서 나는 굉장한 사실을 알아냈다. 바로 우리 힘세니는 지금껏 내가 해 준 코디에 토를 단 적이 없다는 사실이었다. 뿐만 아니라 힘세니는 나의 손을 놓고 저 멀리 뛰어간 적도 없고, 무언가를 사달라고 떼를 쓰며 바닥에 드러누운 일도 없었다. 아이들은 대부분 가만히 있기 어려워해서 사진 찍기 힘들다고 하는데 힘세니는 나와 너무 붙어 있어서 사진 찍기가 힘든 아이였기 때문이다.

사실 힘세니의 이런 면은 엄마인 나에게 기쁨이며, 다른 사람들 앞에서 우쭐함이 되었던 적이 있었던 것도 사실이다. 그런데 엄마의 손을 잡고 다니는 우리 힘세니가 참 스윗하고 키우기 편한 아이로 포장되는 시간은 고작 몇 년에 불과했다.

185

지금 힘세니는 친구들과 놀다가도 중간중간 나에게 꼬박꼬박 찾아와 엄마는 궁금하지 않은 그들과의 일을 자꾸자꾸 설명해주고, 길을 걸을 때에도 내가 멈추면 따라 멈추고, 내가 잘못된 길로 가버려도 생각 없이 엄마 뒤만 따라오는 아이라서 이제는 아주 간단한 길조차 전혀 외우지 못하는 길치가 되어버렸기 때문이다.

엄마가 해 준 코디에 순종하던 착한 힘세니는 여덟 살이 된 지금 "학교 갈 준비해야지~"라고 하면 일어나서 세수하고 밥 먹고 옷을 입는 게 아니라, "일어나야지~" 해야 일어나고 "세수해야지~" 해야 세수하고, "밥 먹어~" 해야 밥을 먹고, "옷 입어~" 해야 내가 미리 준비해둔 옷을 입고, "양말 신어야지~" 해야 내가 미리 꺼내 놓은 양말을 신고, "신발 신어~" 하면 신발을 신는 아이가 되었다.

그렇다. 우리 힘세니는 스스로 옷을 고를 줄 아는 능력을 완전히 상실했을 뿐만 아니라 잠옷을 벗고 외출복을 입어야 등교할 수 있다는 당연한 순서조차 잊어버리고 내가 옆에서 '다음 순서는, 다음 순서는'을 말하지 않으면 그냥 멍하게 앉아있게 된 것이다.

우리가 고민했던 것들은 자라면서 얼마나 강점이 되기도 하고, 뿌듯했던 일들은 얼마나 답답해지기도 하는가. 시간은 우리를 영원한 강자로, 혹은 영원한 약자로 남겨두지 않고 흘러간다. 그렇다면 우리 모두 단점을 심각하게 받아들일 필요가 없지 않을까?

아이를 바라보며 '짜증이 많은 아이', 혹은 '예민한 아이'라는 못

생긴 표현보다는 '원하는 것을 즐겁게 잘 표현하는 방법을 배우는 중인 아이' 혹은 '작은 것에 신경을 쓸 줄 알고 원하는 상태를 강하게 유지하려는 아이'로 바꿔서 생각해보면 어떨까? 그리고 만약 엄마나 아빠의 성격 중에서도 미운 기질들이 있다면 그것도 예쁘게 한번 고쳐보는 것이다. "나는 참 쉽게 미래를 불안해하고 걱정이 많아."라는 말 대신 "나는 미래의 일을 빠르게 예측하고 상상하길 좋아하는 성격이야."로, "나는 집중을 잘 못하고 이해력이 딸려."라는 말 대신에 "나는 여러 곳에 관심이 많고 머리보다는 가슴으로 느끼기를 좋아하는 것 같아."라고 표현해보는 것이다.

세상은 완전히 아름답지는 않지만 드문드문 정말로 아름다운 것들이 있다.

우리 마음속에는 여러 가지가 섞여 있다.

주변 엄마들처럼 나 또한 유명한 육아전문가들의 조언을 누구보다 많이 봐왔다고 할 수 있다. 그들이 하는 이야기에는 정말 중요한 이야기도 많이 있다. 그런데 그런 이야기들 중에서 핵심 주제조차도 참 곡해해서 들을만한 단어들이 있는 것 같아서, 대표적인 두 가지를 이야기해보려고 한다.

첫 번째는 "일관성을 유지하라."인데 이것은 아이를 키우는 데에 가장 중요한 것 중에 하나로 지목된다. 그도 그럴 것이 이랬다저랬다 하는 것만큼 아이를 불안하게 하는 것은 없기 때문이다. 그런데 가까운 나의 지인들을 통해서 이 일관성이라는 말을 '평소에도 다정하고, 훈육할 때에도 무서워지지 말아야 한다.'로 이해한다는 것을 알았다. 하지만 한 번만 생각해 봐도 '평소에는 다정해도 훈육할 때는 무서운 것'이 정상이다. 얼마나 자연스럽고 당연한 일인가?

일관성이라는 말은 예측할 수 있는지에 대한 말이다. 즉 '우리 엄마는 평소에는 다정하지만 내가 어떤 잘못을 했을 때에는 무서워진다.'라는 패턴이 눈에 보인다면 일관적인 것이라고 생각한다. 그중에서도 어떤 잘못을 했을 때 어떻게 무서워지는지를 미리 알 수 있

191

다면 일관성이 잘 충족되는 것이다. 다소 나쁜 사례이지만 아이가 물을 먹다가 흘렸을 때마다 매번 잔소리를 한다면 이것 또한 일관적이긴 한 것이지 않은가.

일관성이 없다는 것은 아이가 느끼기에 '우리 엄마는 어떤 때에는 내가 물을 많이 흘려도 웃고, 어떤 때에는 내가 조금만 흘렸는데도 소스라치게 싫어하고, 어떤 때에는 흘리지 않았는데도 막 짜증을 내고, 어떤 때에는 물을 흘렸는지 아닌지 신경도 안 썼다.'와 같은 것이다. 그럴 때마다 아이는 불안해지고, 어떤 행동을 할 때마다 눈치를 보게 되거나, 그것도 아니라면 매번 자기가 먼저 냅다 울음보를 터트려 사건을 부풀려버릴지도 모른다.

같은 일에는 같은 대응을 한다면 우리는 충분히 일관적일 것이라는 생각이 든다. 그래서 나는 그렇게 하기 위해서 노력하고 있으며, 혹시 지난 번과 다른 대응을 하게 될 때에는 왜 이번에만 그래야 하는지 이유를 꼬박꼬박 설명해주었다.

두 번째는 "화내지 말아라."이다. 이것은 사실은 가장 이상적이고 아름다운 아이 키우기 비법이고 1,000퍼센트 맞는 말이기는 한데, 내 생각에는 우리가 사람인 이상 거의 불가능에 가까운 미션이라고 생각한다. 그래서 나는 이 문장을 조금 바꿔서 "필요 이상으로 크고 길게 화내지 말아라."로 이해하기로 했다.

어떤 일에 화가 나더라도 굳~이 예전 이야기를 꺼내서 더 화를 내고, 지금까지 쌓아왔던 감정을 모두 모아 한 번에 불태우고, 그 불을 계속 크게 크게 피우고, 꺼지려고 하는 불 앞에서 또 한 번 울컥하는 것은 하지 말고, 한번 깔끔하게 화내고 끝내려 노력해보자는 것이다. 당장은 분이 풀리지 않는 것처럼 느껴지겠지만 필요 이상으로 화를 낸 후 느껴지는 자책이나 후회감, 자기무능감 같은 것에 비할 바는 못 된다.

이것은 아이 키울 때뿐만 아니라 친구나 배우자와 다툴 때와 같이 누군가와 갈등이 있을 때 나와 그 사람의 마음, 그리고 우리의 관계를 지키는 방법이 아닐까 싶다. 그런데 처음부터 아예 화를 참으라고 하거나 화가 나 있는 상대에게 그 연유를 묻지도 않고 무턱대고 화를 내지 말라고 해버리는 것은 감정을 폭력적으로 그냥 꺼버리는 행위라는 생각이 든다.

그러니 우리가 누군가의 말을 들을 때에는, 특히 그것이 아이들을 키우는 데에 필요한 방법에 관한 것이라면, 그 말을 무조건 신뢰하고 걱정하기보다는 나름의 방법으로 충분히 해석하고 자연스러운 방법으로 받아들이는 것이 여러모로 마음 편한 일이다.

아이스크림
묻은 얼굴이
웃기긴
하구만...ㅋㅋ

푸 ㅂ

음... 그래...
아이스크림 하나 주면서
화를 몇 번 낸거냐...
오늘 좀 심했어...

아이에게 웃음을 많이 주자. 되도록 많이.

어느 날 힘세니가 내가 절대로 만지지 말라고 했던 것을 만져서 손을 조금 데인 적이 있다. 그런데 힘세니는 엄마에게 혼날 짓을 했다는 것을 숨기기 위해 내가 아무 말도 안 했는데 그 즉시 "아무 것도 아니야~"라며 손을 뒤로 감추었다. 내가 "너 무슨 잘못한 거 아니지?" 하고 떠봤는데 힘세니의 눈은 '나는 죄인입니다'라며 이글거리고 있었고, 입꼬리는 '나는 죄라는 것을 모른다'는 듯 한쪽이 씰룩 올라가 있었으며, 콧구멍은 눈이 맞는가 입꼬리가 맞는가 헷갈린다는 듯이 벌렁거리면서, 입은 절대 본인은 아무 짓도 하지 않았다고 말하고 있었다.

나는 아이에게 혼나는 것을 무서워하지 말라고 말하는 엄마다. 너를 혼내는 동안에도 너를 사랑하고 있다고 말이다.

"잘못한 것은 혼이 나는 게 당연하지. 일단 용기를 갖고 그냥 혼나 봐. 혼나는 시간이 끝난 다음에는 이제 엄마 아빠가 해결하면 되는 거야. 네가 혼나는 것이 싫어서 숨기기 시작하면 문제를 해결할 수 있는 시간이 점점 없어지는 거야."

내가 이렇게 이야기하자 힘세니는 "알았어~"라고 하더니 끝까지

199

왜 자기에게 그런 소리를 하는지 모르겠다는 듯한 결백의 콧바람을 뿜어내며 저쪽으로 갔다. 그러고는 괜히 혼자 블록을 만지작거리며 놀더니 갑자기 나한테 달려왔다.

"엄마, 나 사실 아까 그거 만져서 여기 데어서 지금 아파…"

물론 나는 웃으면서 약을 바르고 밴드를 붙여 주었다.

한 번은 또 이런 일도 있었다. 어떤 일로 인해 힘세니를 야단치고 서로 기분이 상한 채로 잠자리에 누운 날이었다. 평소에는 내가 팔베개를 해 주고 둘이 몸을 꼭 붙이고 잠을 자는데 그날은 그냥 멀찍이 떨어져서 누웠다. 그런데 몇 분 후 힘세니가 내 쪽으로 몸을 붙이길래 나는 조금 머뭇거리다가 힘세니를 껴안아 주었다.

"엄마. 안아줘서 고마워."

"먼저 엄마에게 붙어줘서 고마워."

"나는 지금쯤이면 엄마 화가 풀려 있을 거라고 믿고 있었어."

"오, 어떻게 알았어?"

"엄마가 전에 그런 말 한 적 있어. 엄마는 아무리 화가 나는 일이 있어도 그날 저녁에는 화가 없어진다고. 그건 믿으라고."

서로 다투지 않고 웃으며 사는 것, 정말 좋은 이야기이다. 하지만 내가 신이 되지 않고서야 부정적인 감정을 느끼지 않을 수는 없다. 그래서 나는 갈등을 마주했을 때 어떻게 처신해야 할지에 대해 고민을 많이 했다. 시행착오도 많이 겪었다. 어떻게 노력해보아도 서로 생채기 하나 나지 않는 다툼은 없었으며, 원만하고 아름다운 화

해라는 것도 불가능했다.

그래서 이렇게 해보기로 했다. 혼날 행동을 했다면, 그냥 혼을 내고 혼이 나는 것이다. 상처도 받고 다투기도 하겠지만, 지나치게 혼나지 않으며 혼나고 난 후에는 내일은 더 나아질 것이라는 희망도 갖게 되는 것 말이다.

그래서 나는 힘세니에게 오늘 푹 자면 내일은 달라져 있는 경험을 많이 주어야겠다고 생각했다. 나는 화를 내지 않는 엄마는 될 수 없지만 그 화를 필요 이상으로는 내지 않기로 했다. 그리고 힘세니에게 '오늘의 화는 무조건 오늘 풀린다'라는 약속을 해 주었고 지금도 그것은 지키고 있다.

외로운 마음, 우울한 마음은 슬픔이나 좌절, 불안감보다는 오히려 무기력함에 가깝다고 생각한다. 과거의 나는 내가 어떻게 해도 변하지 않을 것 같은 거대한 현실의 어둠 덩어리 때문에 무기력했고 우울했었다. 어려운 일이라고 하더라도 점점 나아지고 있다는 것을 느끼면 앞으로 달려갈 수 있지만, 때로는 그렇게까지 힘든 것이 아닐 때에도 내일도 여전히 이대로일 것 같다는 마음이 들면 우리는 삶을 비관하게 되고 멈추고 싶은 생각이 든다. 내일도 감옥 같을 학교, 내일도 불신이 반복될 집, 벗어날 수 없는 환경… 이런 것들이 우리를 힘들게 한다.

하지만 힘든 일도 시간이 지나면 나아진다는 것을 경험한다면 그것은 용기와 의지를 가지는 데에 정말 큰 바탕이 될 수 있다. 그것은 어려움을 아무리 발버둥쳐도 변하지 않는 벽으로 느끼는 것이 아니라, '내가 가진 힘으로 무너뜨릴 수도 있지 않을까'라는 생각을 하게 한다. 나는 힘세니의 어린 시절 동안 그런 마음을 만들어주고 싶었고, 그래서 지금도 노력하고 있다.

엄마와의 갈등이 사그라들고 있다고 믿어지는 그 시간 동안, 힘세니는 용기 있게 엄마에게 다가와 주었다. 그리고 나는 힘세니에게 이렇게 말해주었다.

"힘세니 말이 맞아. 엄마 화는 항상 그날 밤에는 풀려. 그런데 만약에 엄마가 아직 화가 안 풀렸을 수도 있잖아? 그래도 너를 안으면 좋아. 그건 언제든 그래."

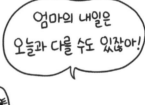

희망이란 거창한 것이 아니다.

청소년 시절에 나는 부모님과 심하게 다투고 나면 "나, 바람 좀 쐬고 올게."하고는 나가서 동네 한 바퀴를 씩씩대며 걷고는 했다. 그때마다 뒤를 돌아보며 '혹시 엄마 아빠가 나를 따라오고 있다가 우리 얘기 좀 하자고 하지는 않을까?'라는 기대를 했었다. 그렇게 걷다가 집 앞 놀이터에서 그네를 타면서는 '엄마 아빠가 창밖에 있는 나를 발견하고는 내려와서 말을 걸지는 않을까?'라고 상상했었다. 엄마 아빠와 다투고 상처로 움푹 패인 그 자리에 '아까는 왜 그랬어? 나는 이런 마음이었어.'와 같은 이야기들을 채워 넣기를 바랐다.

하지만 나의 부모님은 한 번도 나를 따라온 적이 없었고, 내가 집으로 돌아갔을 때 그런 대화를 나눈 적도 없었다. 그냥 "아까 너무 심하게 화낸 건 미안해." 정도의 사과는 서로 한 것 같다. 하지만 더 깊은 이야기는 없었고 그래서 더 깊은 이해가 없었기에 다시 또 다툼은 반복되고 다툼의 알맹이에 대한 것은 캐보지도 못하고 늘 어영부영 흙만 다지고 넘어가는 것이었다.

이제 나는 대충 흙을 다진 채 그냥 넘어가는 것이 얼마나 가슴을 시리게 하는지 아는 엄마가 되었다. 그래서 나는 힘세니와 서로 마음 상하는 일이 생겼을 때마다 양손에 삽을 쥐고 그 마음 한가운데로 들어가 보기로 했다.

아직 비록 어린아이라고 할지라도 힘세니의 마음은 많은 것들로 이루어져 있고, 덮여 있고, 섞여 있다. 화내는 마음속에는 서운한 마음이, 미워하는 마음속에는 보고 싶은 마음이, 짜증나는 마음속에는 외로운 마음이 똬리를 틀고 있다. 토라진 힘세니의 눈은 뾰족하지만 다가가서 안아주면 금방 눈물이 맺힌다. 나는 내 마음을 꺼내 줘 보고, 힘세니의 마음을 물어봐 주고, 마음을 정리하는 법을 함께 고민해본다.

우리 힘세니는 종종 엄마에게 먼저 다가와 주고, 화해를 요청하는 녀석이지만 언젠가 힘세니가 청소년이 되어 이제는 엄마를 기다리고 있는 순간이 있다면, 그 순간을 놓치지 않고 먼저 손을 내밀어 잡는 것… 그게 내가 되고 싶은 엄마의 모습이다.

우리가 해출 수 있는 것은 언제든 돌아올 품이 되어주는 것.

"우리, 앞으로 어떤 힘든 일이 있더라도 항상 함께 하자."

남편 후니는 나에게 프러포즈를 하면서 저렇게 말했다. 그런데 나는 그 말을 듣고 로맨틱하다고 느낀 것이 아니라 '왜 이렇게 부정적이지?'하는 생각을 했다. 그냥 '우리 항상 행복하자!'라고 하면 너무 좋을 것 같은데 왜 굳이 힘든 일이 있을 것을 예상하는 듯한 그런 불길한 이야기를 하는 건지 이해가 안 되었다.

그런데 막상 살다 보니, 아무리 사랑하는 사이라고 해도 정말로 항상 행복한 일만 있을 수는 없었고 크고 작은 힘든 일들이 생겨났다. 후니가 불길한 말로 예언했기 때문이 아니라, 우리가 살아간다는 것이 그랬다. 사랑에 눈이 멀어 달콤한 미래만 꿈꾸던 봄처녀가 잠시 잊고 있던 일상의 괴로움들 말이다. 그리고 그런 것들을 만났을 때 후니는 정말로 나와 하나가 되어서 함께 힘들어하고, 함께 걱정하고, 함께 극복했다.

지금도 많은 연인이 "우리 싸우지 말자!" 혹은 "우리 평생 동안 행복하게 살자!"라고 말할 것이다. 그러나 우리는 싸우지 않을 수 없고, 행복하지 않은 일은 부지기수로 일어난다. 하지만 그런 것들을 이겨낼 수 있다는 믿음을 마음속에 가지고 있다면 어떻게든 우리는 '한 팀'이라고 할 수 있다.

그래서 나는 후니와 갈등이 생기거나 힘세니를 훈육할 때 서로 어떻게 행동하고 있는지를 항상 돌아보려고 노력한다. 잘못을 했을 때 바로 "미안해."라고 하는지, 아니면 싸움에서 이기기 위한 변명과 트집이 먼저 나오는지. 어떤 일이 틀어졌을 때 "왜 잘 안됐지? 다음에 다시 해볼까?"가 나오는지 아니면 "힘들 거면 때려치워!"가 나오는. 짜증 섞인 목소리에 "어떤 게 짜증이 났어?"를 묻는지 "짜증 좀 내지 마!"로 무마하는지. 어둠을 정면으로 주시할 줄 아는지, 회피하고 빨리 덮으려 하는지.

"힘들지?", "힘들었겠다. 미안해.", "고마워."
이런 진심 어린 말 한마디가 절실한 이유는, 우리는 결코 힘들지 않게 살 수는 없기 때문이다.

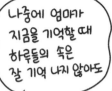

우리의 하루를 꾸며주는 "사랑해"라는 말의 힘.

제5장

부모로
산다는 것

독박 육아를 하던 시기의 나는 외로움, 우울함, 히스테리로 똘똘 뭉친 음침한 여자였다. 기록하기에도 부끄럽지만 극단적인 생각을 하며 잠든 나날도 많았다. 혼자서 아이를 키우는 것이 너무나 힘들었고, 기약 없는 그 힘든 일을 오늘도 나 혼자서 하고 있고, 지인들은 가끔 들여다보기만 하며 조금씩 도와주는 것에 그친다고 생각했었다. 그래서 힘세니와 나만 이 세상에 없으면 지인들은 처음에만 조금 슬퍼할 뿐 나중에는 도와야 할 존재가 없어지니 편안하다고 느낄 것 같았다.

그랬다. 당시 나는 힘세니와 나 둘 다 세상의 짐짝이 된 것 같다고 생각했다. 없어져도 좋고, 아니 없어지면 사실 더 좋은.

나 스스로를 그렇게 느끼는 것도 나쁜 것이지만 소중한 나의 아이를 그렇게 느낀다는 것은 얼마나 비극적인 일인가. 그런 처절한 우울감 속에서 어떻게든 그 힘든 시기를 지나보려고 나는 나의 팀원 힘세니를 참 많이 혹사시켰던 것 같다. 그 시기는 나 혼자서 아이 삼시세끼 먹이고 지긋지긋한 역할놀이를 해 주면서 가장 치열하게 산 때이기도 했지만, 사실 때로는 아이에게 폭력적인 언어를 사

용하고, 윽박지르고, 짜증내고, 화내기도 하고, 어렸던 힘세니에게
지나치게 요구하는 것이 많았던 시기이기도 하다. 참으로 미숙했던
그때의 나는 그렇게 해서라도 아이를 통제할 수 있어야 우리 둘을
태운 배가 침몰하지 않게 될 거라고 생각했다.

나는 서너 살밖에 되지 않은 힘세니가 조금이라도 징징거리는
소리를 듣지 못했고, 결국 큰소리로 다그쳐서 멈추게 했다. 어른인
내가 볼 때에 힘세니가 이치에 맞지 않는 것을 하고 싶어 할 때에는
설득보다 감정 섞인 비난이 먼저 나왔고 때로는 그 어린아이에게
지나친 하소연을 하기도 했다. 그때 내가 했던 말은 대충 이런 것들
이었다.

"너 때문에 내가 이렇게 힘들다.", "너 때문에 화가 나서 멀리 떠나
버리고 싶다.", "네가 자꾸 내가 하지 말라는 것을 하면 너에 대한 사
랑이 식어갈지도 모른다."

이 얼마나 듣는 사람은 물론 말하는 사람의 영혼까지 피폐하게
하는 최악의 화풀이인가! 게다가 힘세니는 승부욕이 강하고 성격이
예민했기 때문에 우리 둘의 합은 정말 좋지 않았다. 힘세니는 엄마
에게 찰싹 붙어서 좀처럼 떨어지지 않으려고 했고, 엄마의 사소한
발언과 표정에 지나치게 집착했다. 우리는 실수를 할 때마다 서로
에 대한 공격으로 인식하고 으르렁거리며 싸워댔다.

그렇다. 우리는 꼴통 엄마와 꼴통 아이 콤비였다. 이런 끔찍한 우

리 두 사람 사이에서 귀여운 만화가 나오고, 아이의 생각하는 힘과 마음의 힘이 세졌다고 쓰기에도 민망할 정도로 말이다.

하지만 나는 용기를 내어서 이렇게 나의 어두운 면을 고백하기로 했다. 우리의 생활이 아름다웠기 때문에 아름다운 것들이 나온 것이 아니라, 어둠을 이겨내는 과정에서 아름다움이 열렸다는 이야기를 하고 싶어서 말이다. 분명한 것은 나는 정말로 이겨내려고 엄청나게 발버둥을 쳤다는 것이다. 그리고 나는 그것들을 솔직하게 나누고 싶다.

내가 힘세니에게 부정적인 언행을 쏟아낸 이유는, 내 감정을 이기지 못해서 순간적으로 폭발한 면도 있기는 했지만 한편으로는 아이를 빠르고 쉽게 통제하고 싶었기 때문이었다. 무섭게 대해야 아이는 엄마가 지시한 것을 금방금방 따를 것이고, 엄마인 나는 그렇게 해야 육아를 견딜 수 있을 것 같았다.

하지만 이상하게도 내가 화를 내는 것과 육아가 수월해지는 것은 전혀 다른 문제였다. 아이라는 존재는 큰 위협을 당해도 다음 날이면 그것을 잊어버렸고, 잊지 않았다고 하더라도 금지된 것을 참을 만한 통제력이나 의지 같은 것이 아직 발달하지 못했다는 너무나 당연한 사실을 그때의 나는 알지 못했다.

아이를 다그치는 것은 그저 약한 대상을 향한 분풀이가 될 뿐이었다. 오히려 윽박을 지를수록 아이도 상처를 받았지만 나 또한 사랑하는 아이에게 심한 말을 했다는 자책과 성공적인 육아를 하고 있지 못하다는 우울감에 더욱 빠져들었다. 효과는 전혀 없고, 심각한 부작용만 늘어나는 악순환만 계속되는 듯한 느낌이 들었다. 고통 속에서 몸부림치던 나는, 어느 날 문득 '이렇게 살아서는 안 되겠다…'라는 생각을 했다.

그래서 나는 꼴통 엄마에서 벗어나고자 치열한 노력을 하기로
했다.

우선, 쉽게 화를 내는 것을 고쳐 나갔다. 나는 아이를 키우는 것
이 힘들다고 토로하는 양육자들에게 우울증 치료를 한 번 받아보
라는 것을 진심으로 권유한다. 왜냐하면 아이에게 화를 내는 이 버
릇을 혼자서 벗어나기가 너무 힘들었던 경험을 직접 해봤기 때문이
다. 사실 나는 병원에 찾아갈 용기도, 시간도, 아이를 맡길 곳도 없
어서 오롯이 혼자서 그 노력을 해야 했지만, 시간이 정말 정말 오래
걸렸다.

화내는 버릇을 고쳐 나가는 동안 나는 다방면으로 노력을 했다.
나도 모르게 화를 냈다면 즉시 진심으로 사과하기, 어떤 상황에서도
아이가 너무 무서워하지 않도록 평소에 "사랑해!"라는 말과 스킨십
을 많이 해 주기, 내가 노력하는 과정을 투명하고 진지하게 아이에게
오픈하고 알려주기, 그래도 힘들 때에는 아이에게 도와달라고 말하
기, 아이에게 엄마가 점점 발전되는 모습을 보여주기 등 말이다.

아이에게 해로운 말을 한 후에는 반드시 몇 분 안에 엄청난 변명
을 덧붙였다.
"세니야, 미안해. 엄마가 너무 힘이 들어서 방금 심한 말을 해버
렸어. 네가 그런 행동을 하면 엄마가 정말 힘이 들어. 그러니까 그

런 행동은 안 했으면 좋겠어. 앞으로는 왜 그런 행동을 하는 건지 알려주면 엄마도 너의 행동이 이해가 될 것 같아. 방금 엄마가 한 심한 말들은 정말로 전혀 마음에 없는 소리였어. 그렇게 말을 해버리면 기분이 좀 나아질 줄 알았는데 조금도 나아지지 않았어. 그러니까 혹시 너에게 엄마가 다음에도 이런 이야기를 하면 "엄마, 정신 차려!"라고 말해 줘."

실제로 나는 화를 내고 화해하는 과정에서 힘세니와 정말 많은 대화를 나누었다. 이때 나는 힘세니를 꼭 껴안고 잠자리에 들면서 얼마나 많이 울었는지 모른다. 힘세니는 때로는 나에게 용기를 주었고, 나를 혼내기도 했으며, 자신의 서러움을 표출하기도 했다. 우리는 서로 지적하기를 서슴지 않게 되었고, 소리 내어 서로를 응원해 주었다. 그렇게 우리 둘은 서로의 모습이 점점 나아지는 것을 피부로 느꼈다.

그런 노력을 하면서 나는 나만의 시간은 최소한으로 가졌다. 전문가들은 우울한 양육자들에게 '충분히 자신만의 시간을 가지면서 우울증을 해소하라.'라고 하지만 나는 오히려 내 시간을 극도로 줄여나갔다. 아이 없이 양육자 혼자만의 시간을 가지는 것은 사실 너무나 훌륭한 해법일 것이다. 그런데 나는 당시에 정신이 온전치 못하다는 생각을 스스로 하고 있었기 때문에 섣불리 아이와 떨어져 있는 시간을 가지다가는 그런 쾌감에 푹 빠져버려서 아이를 영영 뒷전으로 할 수도 있겠다는 생각이 들었다. 그리고 그것은 힘세니를 불안에 빠뜨릴 것 같았다.

내가 힘세니에게 "너 때문에 너무 힘들다! 엄마 혼자 있고 싶다!" 라는 막말을 해 버린 후에 아이를 친정 부모님께 맡기고 친구를 만나러 나가버리면 힘세니는 마음 한편에서 '엄마 말이 진심이었구나…'라고 생각할 것만 같았다. 나는 그 막말이 진심이 아니었다는 것을 몸으로 보여주고 싶었다. 사실 조금은 진심이 들어 있었다고 할지라도 말이다. 그래서 나는 남편 후니가 부재했던 4년이 넘는 그 긴 시간 동안 아이를 누군가에게 맡기고 친구를 만나는 등의 행동을 하지 않았다.

힘세니는 낯선 곳에서 잠자는 것을 극도로 싫어했다. 그래서 어린이집에서 낮잠도 자지 않고 오전만 시간을 보내고 일찍 왔지만 항상 내가 등하원을 시켰고, 내 개인적인 약속은 잡지 않았으며, 친정에 놀러 가도 힘세니만 보내지 않고 항상 힘세니와 함께 갔다. '엄마가 짜증을 내더라도 결국 엄마는 내 옆에 있어!'라는 사실을 느끼게 해주고 싶었기 때문이다.

지금 생각해보면 그게 무슨 어이없는 발상인가 싶기는 하지만 그 정도로 나는 꼴통 탈출하는 것에 집중했다. 지금 생각해보면 당시 나의 목표는 내 우울감을 해소하는 것이 아니라 '내가 우울함을 이겨내는 동안 아이에게는 최대한 나쁜 영향을 덜 끼치는 것'이었던 것 같다는 생각을 한다.

이 시기는 정말로 암울했지만, 정말로 이 시기를 거치는 동안 우리가 얼마나 성숙해졌는지는 지금 생각해도 놀랍다. 그 모든 과정에서 나도 자랐고, 힘세니도 자랐으며, 힘세니는 나를 성장시키는 데에 한몫을 해냈다는 기쁨을 느꼈을 것이다.

솔직히 말하면 여덟 살인 지금의 힘세니는 내가 당시에 했던 폭력적인 언행들을 전혀 기억하지 못한다. 그냥 웃으면서, "엄마, 나 어렸을 적에 너무 힘들어서 나한테 심한 말 했었다고 했지?"라며 농담을 할 뿐이다.

하지만 힘세니는 잃어버린 기억 속에 있는 그 경험들 속에서 자신을 변호하고, 나를 설득하며, 서로를 지지하는 법을 익혔을 것이다. 그리고 그 순간 동안 우리는 떨어져본 적이 없었음을 알고 느꼈을 것이다. 그리고 그 경험들이 모여 지금의 힘세니를 만들었을 것이다.

나에게 그 우울하고 암울한 시간을 이겨내려는 노력이 없었다면 나는 아직도 힘세니에게 상처 주는 말을 해대며 살고 있을지도 모른다. 그리고 분명히 그런 상처들은 힘세니의 가슴에 깊이 남았을 것이고 아직도 힘세니의 인생에 영향을 끼치고 있을 것이다.

꼴통 엄마라고 해도 아이에게 보여줄 수 있다. 꼴통 엄마가 너를 사랑하면 이렇게 노력할 수 있다는 것을. 그리고 알려줄 수 있다. 너 또한 아무리 꼴통 아이가 된다고 해도 엄마는 너를 끝까지 사랑한다는 것을. 그리고 깨닫게 해 줄 수 있다. 우리는 무슨 일이 있어도 함께할 것이라는 것을. 사실 가족의 본질은 이것이다. 내가 앞에서도 계속 말해왔던, 후니가 가지고 있던 그 맹목성 말이다.

우리는 천사 같은 엄마에 대한 환상을 가지고 있다. 그리고 반박론자들은 '그런 천사 엄마는 존재하지 않는다'고 말할 것이다. 하지만 천사 엄마가 존재하는가 존재하지 않는가 하는 것은 쓸데없는 논쟁일 뿐이다. '우리는 과연 그런 엄마만이 백 점일까?'라는 질문을 해 볼 수 있어야 한다.

나는, 모자라지만 그 모자람을 채우려고 노력하는 꼴통 엄마가 천사 엄마보다 못할 것은 없다고 생각한다. 경험해 보니 오히려 아이와 함께 팀워크를 이뤄나가기엔 꼴통 엄마가 더 적격이었다.

사소한 것으로 화내는 양육자, 폭력성은 없지만 무심한 양육자, 너무 달달 볶는 양육자, 너무 방치하는 양육자, 너무 재미없는 양육자, 너무 무식한 양육자, 너무 콧대만 높은 양육자… 세상에는 되게 이상한 모습의 양육자들이 많다. 하지만 그 이상한 모습은 우리 모두가 다 조금씩은 가지고 있는 모습이다. 그런데 이 이상한 양육자들이 그것을 극복하기 위해서 노력하는 모습들은 분명히 아이에게 귀감이 될 것이다.

지금도 몇 년 전 그때의 내가 했던 행동들을 생각해보면 아이에게 너무나 잘못했다는 생각이 들기는 하지만 그래도 나는 미안함보다는 자랑스러움이 더 크다. 그 어려운 시간을 극복해 낸 나 자신에게 말이다.

만약 이 글을 읽는 분 중에 자신이 꼴통 엄마라고 생각하는 분이 있다면, 나중에 아이에게 미안함을 느낄 것인지, 아니면 아이를 보면서 자랑스러움을 느낄 것인지, 그것은 본인이 선택할 수 있다고 말씀드리고 싶다. 그리고 단호히 후자를 선택하고 노력하는 그 모습을 진심으로 응원하고 싶다.

우리가 항상 최고의 볶음밥을 만들 필요가 있을까?

_____

_____

결국 나는 우리 모두 완벽한 부모일 수 없으며, 우리의 아이를 완벽한 상태로 만들기 위해서 노력하는 것 또한 우습다는 이야기를 하고 싶다. 우리는 그저 어떤 과정 중에 있을 뿐 우리가 도달하려고 하는 모습은 허상인 경우가 많다.

"우리나라 연예인 중에서 가장 아름다운 여자가 누구라고 생각하나요?"라는 질문을 한다면 단 한 명의 이름이 나올까? 장담하건대 열 명에게 묻는다면 열 가지의 답이 나올지도 모른다. 누군가 "모모 씨가 예쁘잖아요."라고 하면 "아, 모모 씨? 나는 그 사람 예쁜지 모르겠던데?"라고 말하는 사람이 한둘은 있을 것이다. 누구 한 명의 이름이 나올 때마다 "그 사람은 미간이 약간 좁지 않아?", "뭐라고? 그 사람이 예쁘다고? 코가 너무 커서 좀 이상하던데?", "뭐? 그 사람은 너무 말라서 안 예쁘지 않아?" 등등의 여러 가지 반응이 나올 것이 분명하다.

코의 길이가 몇 센티이고 피부색은 어느 정도 밝아야 예쁜 것인지 사람들의 기준은 모두 다르다. 그렇게 따지면 '완벽한 미인'이라는 말은 얼마나 우스운 소리인가? 정말로 어떤 '완벽한 미인'의 모습이 되기 위해 끊임없이 성형수술을 하고 싶다고 생각하는가?

어떤 상황에서도 화 한 번 내지 않는 부모가 완벽한 부모인가?
무엇이든 다 사줄 수 있는 경제력을 가진 부모가 완벽한 부모인가?
무엇이든 아이가 물어보는 것에 척척 대답해 주는 부모가 완벽한
부모인가? 우리는 아무리 노력해도 완벽해질 수 없다고 생각하지
만, 사실은 무엇이 완벽한 것인지조차 아무도 정의 내릴 수 없다.

그렇다면 우리가 좋아하는 모습을 한 연예인은 누구이며, 우리
가 여러 가지 물건 중에서 구매하는 어떤 예쁜 물건은 무엇인가. 결
국 완벽해서가 아니라 내 마음에 들어서 좋아하고 선택한 것이다.
마음에 드는 것. 우리가 별 똑똑한 척은 다 하고 있지만 결국 우리는
과학적으로 결론 내릴 수 없는 개인적인 호감, 애정, 애착으로 움직
인다.

완벽한 양육자란 없다. 아이를 사랑하고, 아이가 사랑하는 양육
자라면 됐다. 그래서 나는 또 말한다. 가족 구성원에게 필요한 것은
사랑뿐이라고. 그리고 그 사랑은 맹목적인 것, 삶에서 무엇보다 가
장 중요하게 생각하는 것, 그리고 어떤 상황에서도 포기하지 않는
것이다.

어떤 수준에 도달하려고 하기 보다는 '지내다 보면'을 믿어 보자.

힘세니가 여섯 살 때의 일이다. 나와 뭔가를 하던 힘세니가 갑자기 심사가 크게 뒤틀렸는지 난데없이 "엄마는 거짓말쟁이야!"를 반복하면서 소리를 지르기 시작했다. 최근에 말썽도 안 부리고 의젓해졌다고 생각했던 우리 힘세니가 갑자기 두 살짜리 아기가 된 것처럼 말이다. 너무나 예고 없이 펼쳐진 이 상황에서 나는 순간적으로 이성을 잃어버렸고 "지금 이게 뭐하는 짓이야!"를 소리치며 쩌렁쩌렁 화를 내고, 힘세니를 거칠게 잡고 밀기까지 했다. 나중에 힘세니와 화해를 하고 나서 나는 죄책감에 휩싸여 한참을 울었다. 울고 나서 생각해보니 이 일에 큰 교훈이 있다는 것을 알았다.

사실 나는 좋은 엄마가 되어야 한다는 압박감을 느끼는 것에 대해서 긍정적으로 보는 사람이다. 다들 자책하지 말라고 하지만 나는 잘 안 될 때에는 자책도 하고, 반성도 하고, 다음에는 고쳐보자고 다짐도 하고, 끊임없이 나를 돌아보고 매만지는 것이 자연스러운 것이 아닐까 생각하는 엄마다. 좋은 엄마가 되고 싶다는 갈망과 압박감이 동기가 되고 에너지가 되어서 나의 육아를 보람차게 만들어 주고 나를 육아 우울증에서 벗어나게 해 주었기 때문이다.

그런데 힘세니가 갑자기 소리를 지른 그날 내가 느낀 분노는 그 노력에 다른 마음도 섞여 있다는 것을 증명해버렸다. 그 마음은 바로 '아이가 내 노력에 부응하여 멋지게 변화하리라는 믿음과 기대' 였다. 엄밀히 말하면, 나는 좋은 엄마가 되고 싶다는 순수한 꿈보다, 좋은 엄마가 되어서 힘세니를 아주 강하고 세련된 아이로 만들고 싶다는 꿈을 꾸고 있었던 것이다. 내가 몇 년간 해왔던 것처럼, 내가 그것을 이루었던 것처럼 말이다. 그런데 갑자기 힘세니가 '별로 노력하지 않은 엄마의 아이'같이 떼를 쓰는 모습을 보고는 공들인 탑이 허물어지는 것 같은 충격을 느낀 것이다.

스스로 괜찮은 엄마라는 생각이 들 때에는 뿌듯해하고, 무너진 날에는 나를 잡고 일으키면서 나는 성장하고 있다. 하지만 내가 괜찮은 엄마인지 아닌지에 대한 지표는 아이가 말을 더 조리 있게 하게 되고, 성숙해지고 멋져졌느냐가 되어서는 안 되는 것이었다. 괜찮은 엄마인지 아닌지에 대한 지표는 아이가 겁에 질린 표정을 짓지는 않는지, 좌절했을 때 응원을 받는지, 성취했을 때 스스로를 자랑스러워하는지 하는 것들이었어야 했던 것이다. 아이의 행복과 자존감 말이다.

아니, 사실 어쩌면 그런 것도 아니고 아무것도 아닐지도 모른다. 그저 나는 사랑하는 가족의 팀원으로서 내 할 일을 충실히 하고 아이에게는 아무것도 바랄 필요가 없는지도 모른다. 우리가 아이를 사랑하는 이유는 오로지 우리가 이미 한 팀이기 때문이 아닌가.

힘든 상황을 극복해 본 경험을 가진 사람들은 다시 힘든 일을 마주해도 금방 극복이 될 것이라고 확신한다. 그것은 희망이 되고 원동력이 된다. 하지만 나는 그 극복이라는 단어가 주는 함정에 빠지지 말아야겠다고 다짐했다.

내가 부단히 노력해서 힘세니가 어떤 발전을 보여왔다고 해도 그것은 그 당시의 상황일 뿐이다. 다시 그것을 이루지 못한다고 해서 화를 낼 필요는 없다. 왜냐하면 내가 자랑스러웠던 것은 어려움을 이겨내려고 고군분투했던 나와 힘세니의 그 노력 자체이지, 그것이 만든 결과물이 아니기 때문이다.

나와 힘세니는 계속 그 과정에 살고 있다. 그 과정 속에서 우리는 서로 사랑하고, 응원하고, 지지하면 되는 것이다.

그저 우리의 시간은 추억이 되는걸!

요즘 자주 보는 TV 프로그램이 있다. 오은영 박사님이 진행하는 《금쪽같은 내 새끼》이다. 그 프로그램을 보면 항상 아이보다는 부모들이 고쳐야 할 것들이 더 많다. 그런데 그 부모들의 그런 그릇된 점들을 볼 때마다 드는 생각은 딱 하나다. '와, 나도 저런 적 있어!'

아이를 키우다 보니 너무나 크게 느끼는 것이 있다. "그런 것들을 겪으면서 어른이 되는 거지."라는 말이 헛소리라는 것이다. 그 말은, 어른이 아이보다 무언가 한층 더 깨달은 존재라는 의미를 내포하고 있다. 그런데 내가 보기에 어른은 아이 때 했던 시행착오와 감정싸움을 똑같이 반복하고 있다. 그저 나이만 먹었을 뿐이다.

"아이니까 이해해야지 뭐.", "아이니까 서툰 거잖아. 기다려야지 뭐."라는 말도 별로 내키지 않는다. 차라리 "우리 어른은 뭐 안 그래?", "우리 어른은 뭐 다 잘해?"라는 말이 우리에게 더 어울리는 것 같다.

같은 맥락으로 나는 '귀여운 아이' 콘텐츠에도 거부감이 있다. 아기나 어린이들이 불특정 다수의 어른에게 귀여운 인형처럼 소비되는 것이 싫은 것도 있지만 사실 그들의 인권과는 별개로 나는 그들이 귀엽다고 느낀 적이 많지 않다. 어른이 별 대단한 존재가 아닌 것처럼 어린아이라고 되게 막 깜찍하고 천사 같은 존재인 것은 아니지 않나라는 생각을 한다.

내가 힘세니 툰을 그려 올리는 이유는 아이와 지내며 느끼는 소소한 감동이나 재미들을 많은 사람과 나누고 싶어서이다. 그래서 나는 힘세니와의 다툼, 힘세니의 고약한 모습, 멍하고 집중을 못하는 모습, 왜 하는지 모르겠는 한심한 행동들은 그리지 않는다. 그런데 사실 힘세니 삶의 9할은 그런 모습들이다.

그런데 어린이뿐만 아니라 인간의 삶이란 것이 원래 그런 것이 아닌가? 비겁하고 옹졸하며, 때로는 폭력적이고, 때로는 추한 것을 우리가 얼마나 감쪽같이 속이고 있느냐 말이다. 나 또한 앞서 고백했던 끔찍한 나의 모습은 감추고, 사회 속에 어영부영 섞여서 살고 있다.

그렇게 생각하면 어른을 아이보다 식견이 풍부한 성체로 여긴다거나 반대로 아이의 마음을 몰라주는 우매한 족속으로 분류할 필요가 없다. 마찬가지로 아이 또한 순수하고 착하기만 한 영혼으로 묘사하거나 반대로 시끄럽고 혐오스럽기 짝이 없는 존재로 생각할 필요도 없는 것 같다. 우리는 그냥 이런저런 모습들이 뒤섞인, 하지만 기본적으로는 좀 더 구린 구석이 더 많은 '인간' 카테고리 안에 모두 속해 있다. 마치 행복과 따뜻함과 편안함보다는 좀 더 짜증과 고민

그리고 불안이 더 많은 일상을 우리가 사는 것처럼 말이다.

내가 힘세니에게 종종 하는 말 중에 "너는 엄마와 아빠를 정확히 반반씩 닮았어."가 있는데 이 말은 우리 셋 한 명 한 명이 고유한 팀원이면서도 진정한 한 팀을 이룬다고 인식시키는 데 크게 기여한다고 믿는다.

힘세니가 "엄마. 나는 알파벳이 진짜 안 외워져."라고 푸념하면 나는 "와, 그 부분은 완전 아빠네. 아빠한테 가서 둘이 서로 위로해 줘."라고 한다. 모자라고 서툰 점이 있어도 그것은 힘세니의 노력이 부족해서가 아니라 엄마와 아빠로부터 온 것이니 너무 자책하지 말라는 마음을 전하는 것이다.

반면 힘세니가 무언가를 잘했을 때에는 "아빠가 옛날부터 그런 걸 잘했다고 하더니 너도 똑같이 잘하네!"라고 칭찬하며 잘하는 아빠랑 힘세니가 힘을 합쳐서 잘 못하는 엄마를 좀 도와달라고 부탁해보는 것이다.

이것은 꼭 힘세니가 우리 유전자를 비슷하게 섞은 자식이라서 할 수 있는 말은 아니고 입양 가족이나 혈연이 아닌 양육자도 충분히 바꾸어서 해 볼 수 있는 말이다. 여러 가지 표현들이 많다.

"그건 나랑 비슷하네!", "나도 어릴 때 그런 적 있는데.", "어? 사실 나도 어제 그랬는데!"

어른이든 아이든 상관없이 허술한 부분을 서로 이해하고 돕는 것이 얼마나 행복한지를 알려주는 사이. 무언가를 이루려고 만난 사이가 아니라 서로 사랑하려고 만난 사이.

이렇게 생각하면 나와 후니는 완벽한 천사 부모는 될 수 없지만 힘세니와 항상 함께하는 부모는 될 수 있을 것이다.

우리 모두는 어린이었다.

힘세니가 다섯 살 때의 일이다. 하루는 힘세니 유치원 친구 한 명과 그 아이의 어머니가 우리 집에 놀러 온 적이 있었다. 저녁때가 되어 치킨을 시켜 먹었는데 힘세니가 치킨 무를 먹자 그 어머니가 화들짝 놀라며 이렇게 말했다.

"어머, 애한테 치킨 무를 먹게 해요? 저거 너무 불량식품 같아서 나는 못 먹게 하는데…"

그래서 나는 '아, 저분은 음식에 있어서는 엄격하게 아이를 관리하면서 키우시는구나.'하고 생각했다. 그런데 잠시 후 그 친구가 치킨을 먹고는 콜라를 벌컥벌컥 마시는 게 아닌가! 그 어머니는 아무렇지도 않게 이렇게 말했다.

"얘가 위로 누나가 있어서 콜라에 일찍 눈을 떴네요… 호호호."

위생이나 제조 공정을 생각했을 때 콜라보다는 치킨 무가 더 불량하다고 생각할 수는 있겠다. 그런데 중독성이라든지 한 번에 먹는 양 같은 것들을 생각하면 콜라도 결코 치킨 무보다 낫다고 볼 수는 없는 것이지 않은가. 분명히 이 친구 어머니께서는 '불량한 음식을 먹이면 안 된다.'라는 나름의 철학을 갖고 계신 분이고 나 또한 당연하게도 그게 틀린 말은 아니라고 생각하지만 그 '불량함'에 대한 기준이 서로 다른 것이라고 결론내렸다. 그리고 이 경험을 통해 내가 믿고 있는 어떤 정의가 얼마나 내 개인적인 생각일 뿐인지 다시 한번 생각하게 되었다.

'예의 바른 어린이'라는 말은 또 어떠한가. 내가 아는 어느 이웃은 네 살인 아이에게 어른에게는 항상 존댓말을 사용하도록 가르친다. 어른께 물건을 받을 때에는 두 손으로 받도록 하고 인사를 할 때에도 꼭 고개를 숙이고 해야 바르다고 생각한다. 나는 그 이웃을 보면서 예의범절을 중요하게 생각하는 부모라고 생각했다.

그런데 어느 날, 이 아이가 내가 들고 있는 과자를 바라보더니 "나 이거 먹고 싶어!"라고 했다. 그러자 이 아이의 어머니는 "어허! '저 이거 먹고 싶어요!'라고 해야지?"라고 정정해주었다. 아이가 "저 이거 먹고 싶어요."라고 다시 말하길래 내가 과자를 건네주니 아이가 한 손을 내밀어 받았다. 그러자 다시 그 어머니는 "어허! 두 손으로 받아야지!" 하고는 두 손으로 다시 받게 했다. 아이가 "감사합니다."라고 하자 그 어머니는 "어허! 고개를 이렇게 숙이면서 공손하게 '감사합니다.'라고 하는 거야."라고 가르쳐주고는 다시 인사를 하게 했다.

이 상황을 겪으며 나는 속으로 정말 많이 웃었다. 뭔가 빠진 것 같지 않은가? 아이는 지금 되게 공손한 태도로 내 과자를 갈취해간 것이다!

이 어머니는 어디를 가도 당당하게 "저는 아이를 가르칠 때에 예의를 가장 중요시합니다."라고 말할 수 있을 것이며, 뭐 어찌됐든 틀린 말은 아닐 수도 있다. 하지만 사실 진정한 예의라는 것은 다른 사람의 것을 달라고 할 때에는 먼저 그 사람의 의사를 좀 물어봐야 하는 것이 아니었나? 아니, 조금 더 깊게 들어가면 애초에 남의 과자를 탐낸다는 것부터가 사실은 예의에 어긋나지는 않느냐는 말이다. 나는 누군가가 거칠고 상스럽게 "이거나 먹어!" 하면서 한 손으로 과자를 주는 게 차라리 낫지, 예의 바른 목소리와 행동으로 내 과자를 가져가는 건 더 싫다.

결국 그 어머니가 생각한 예의라는 것은 '방식상의 문제'이고, 내가 생각하는 예의라는 것은 그 '마음이나 결과'의 문제이며, 또 다른 사람에게 예의는 전혀 다른 차원의 이야기일 수도 있는 것이다. 마치 '불량식품'이 무엇인가에 대해 생각이 다른 것처럼 말이다.

바른 식사 습관이 무엇보다 중요하다고 생각하는 부모가 많다. 그런데, 바른 식사 습관이란 무엇일까? 제자리에 앉아서 먹는 것? 흘리지 않고 먹는 것? 편식하지 않고 골고루 먹는 것? 식사를 즐거운 마음으로 하는 것?

우리 힘세니는 밥 먹기를 정말 돌 씹듯 꾸역꾸역 하기 때문에 앞서 말한 모든 것에 해당되지 않는다. 그래서 나는 이제 식사 시간이라는 것은 '정해진 시간 안에 먹지 않으면 폭탄이 터지는 게임'이라고 정했다. 그러니 우리 힘세니는 일단 식탁 앞에 앉아서(바르게 앉지 않아도 된다) 입으로 욱여넣고(미각에 관심 주지 않아도 된다) 30분 안에 끝내는 미션을 수행해야 한다. 이 식사 교육 방식은 사실 얼마나 무식한 방법인가? 하지만 내가 생각하는 바른 식사 습관은 바로 이것이다. 설거지할 시간 내에 밥을 다 먹는 것.

누군가의 양육방식을 깎아내리면서 나의 양육방식에 대해 우월감을 갖는 일은 얼마나 우매하고 우스운 일인가. 그러한 우쭐거림은 〈부모가 절대로 하지 말아야 하는 5가지〉, 〈이것 지켰더니 성공했다!〉와 같은 자극적인 콘텐츠의 썸네일이나 기사 제목만큼 아무런 의미 없는 개소리일 뿐이다. 어쩌면 지금의 내 이야기조차도 개소리일지도 모르고.

우월하다는 것은 어떤 기준으로부터 온 말일까?

힘세니가 여섯 살 때 유치원 같은 반 여자아이들의 스킨십에 대해 고충을 토로한 적이 있다. 처음에는 "엄마, 어떤 애가 자꾸 나를 안 아서 괴로워."라고 하길래 하하 웃고 말았는데 며칠이 지나고 다시 한번 내게 이 이야기를 하면서 "엄마가 선생님한테 말해 줘."라고 하 는 모습을 보며 꽤 심각한 일임을 깨달았다. 힘세니는 "이렇게 계속 두면 나중에는 그 애가 나한테 뽀뽀까지 할 수도 있단 말이야. 무서 워 엄마…"라는 말까지 했다. 귀엽다며 마냥 웃을 수 없는 사태라고 생각해 담임선생님께 전하니 아이들에게 친구의 몸을 함부로 만지 지 않기로 다시 교육시켜 주신다는 답변을 들었고 이 사태는 일단 락되었다.

힘세니는 친구가 안는 것뿐 아니라 "어떤 친구가 귀엽다며 머리 를 쓰다듬었다.", "손을 잡고 자기 쪽으로 오라고 했다." 하는 이야기 들을 무척 싫은 말투로 전했다. 남자아이들이 거친 장난을 치면 힘 세니는 "그만해!"라고 소리치거나 자기도 같이 밀기도 하고 혹은 선 생님께 말씀드리기도 하는데 여자아이들에게는 그렇게 하지 못하는 것 같았다. 그리고 이것이 '괴롭다'라고 느끼면서도 선생님께는 "친 구가 괴롭혀요."라고 말하기가 어색한 상황이라고 느끼는 것 같았다.

아이들 사이에서 일어나는 일이기는 하지만, 사실 이것은 좋아하는 마음의 표현을 폭력으로 간주하는 것을 주저하게 된 사례라는 생각이 들었다. 하지만 조금만 생각해도 이런 행위들은 애정이라는 이름으로 자행되는 수많은 강압적인 스킨십, 스토킹, 집착의 시작이 될 수 있다.

요즘 성교육을 일찍 시작해야 한다며 성교육 전문가들이 나와서 별 이야기를 다 한다. 아이에게 생식기의 명칭을 제대로 알려주어라, 아기가 어떻게 만들어지는지와 피임법에 대해 일찍 가르쳐라, 야동이니 자위니 정액이니 하는 것에 대해 자연스럽고 당당하게 이야기할 수 있도록 하라 등등 각종 이론이 난무하다.

하지만 나는 그런 전문가들에게 살짝 짜증이 난다. 과연 그런 이야기를 부모와 나누는 것만으로도 수치심을 느끼는 부끄러움 많은 자녀와도 꼭 그렇게 적나라하게 이야기를 해야 하는 것일까? 피임법만 제대로 알면 건강한 성생활이라고 볼 수 있는가 말이다.

다른 사람의 몸을 몰래 만지거나 촬영하면 범죄라는 것을 알지 못하기 때문에 그런 사건들이 일어나는 것이 아니다. 콘돔 없이 성관계를 하면 임신할 가능성이 높아진다는 것을 몰라서 십 대 아이들이 아기를 갖게 되는 것도 아니다. 순간적인 즐거움을 위해, 혹은 애인의 기분에 맞춰주는 것이 좋다고 생각하기 때문에, 혹은 그것이 순수한 열정이고 강렬한 로맨스인 것 같은 착각에, '한두 번쯤 그래도 되겠지…'라고 안일하게 생각해버리는 손쉬운 마음 때문에 큰 일은 일어나는 것이다.

아기가 어떻게 만들어지는지, 남녀의 몸이 어떻게 다른지 같은 것들을 배우는 것은 정말 두 번째 세 번째 일이라고 생각한다. 첫 번째는 무조건, 나에게는 내 몸을 소중하게 생각할 권리가 있고 다른 사람에게도 똑같이 자신의 몸을 소중히 여길 권리가 있다는 것을 가르치는 것이어야 한다. 그리고 누구나 성에 대한 생각이 다를 수밖에 없다는 것을 알려줘야 한다.

아이들에게 "친구랑 손잡아.", "동생한테 뽀뽀해 줘.", "곰돌이 인형 쓰다듬어 줘." 같은 것을 시켜왔으면서 갑자기 "다른 사람의 몸을 함부로 만지면 안 돼요."라고 말하는 것은 우습지 않은가? 쓰담쓰담을 싫어하는 생명체도 많다는 것을 어릴 때부터 알게 해야 한다고 생각한다. 누군가를 좋아하고, 그래서 만지고 싶은 마음이 드는 것은 자연스러운 일이지만 그것은 함부로 하면 안 된다는 것을 말해 줘야 한다. 만지고 싶어 하는 욕구를 사랑이나 열정으로 포장하면 안 된다고 각인시켜 주어야 한다.

사랑을 표현하는 방법은 만지는 것 외에 정말 많다. 웃으며 인사해 주기, 놀리지 않기, 내 것을 양보해 주기, 기분이 어떤지 물어봐 주기… 그리고 나의 기분만큼 다른 사람의 기분을 생각하는 것까지. 아이가 그런 것들을 습득하는 것은 아주아주 아아아아아아주아주 어릴 때부터여야 하지 않을까? 올바르게 성생활하는 법을 가르치는 것보다 '올바르게 사랑하는 법'을 가르치는 것이 먼저라고 생각한다.

경제교육도 마찬가지다. 아이에게 경제 관념을 가르치기 위해 용돈을 주고 사용하게 해라, 사고 싶은 것을 꼭 사지 않고 절약하는 기쁨을 느끼게 해라, 아이 이름으로 저축을 해라 등등 정말로 많은 경제교육 방법이 있다. 하지만 어려서부터 그런 것들을 교육한다고 해서 어른이 되어 제대로 된 경제 활동을 할 수 있다는 증거는 어디에도 없다.

솔직히 나도 친정아버지가 은행원이셨기 때문에 아주 어릴 때부터 통장을 만들어 저축을 하고 정말 검소하게 살았으며 대학에 가서는 경제학을 전공하기까지 했지만, 지금 나는 검소하다고도 볼 수 없고, 거시경제를 예측하지도 못하며, 그렇기에 재테크에도 소질이 전혀 없다. 부동산 전문가라고 불리는 모든 사람이 부동산 투자에 매번 성공하는 것도 아니고, 증권사 애널리스트도 종종 주식 시장에서 큰 손해를 보며, 장사의 신들도 때로 쪽박을 찬다.

그렇다면 우수한 경제 활동을 할 수 있도록 우리는 아이에게 무엇을 가르쳐야 할까? 솔직히 말하면, 돈 버는 법, 돈 잘 쓰는 법, 돈 잘 모으는 법을 가르친다는 게 가능이나 할까 싶다. 내 생각으로 경제는 그냥 삶이다. 우리가 살아가는 모든 것들이 돈이기 때문이다. 매매의 기본 상식에 대해 잘 모르면 사기를 당하고, 투자의 기본 원리를 모르면 실패하며, 관련 법이나 그 법의 허점을 모르면 궁지에 몰리겠지만, 사실 돈이 오가는 일들은 실생활에서 숨 쉬듯이 자주,

너무 다양한 방법으로 일어나고 있으며, 직접 부딪혀보지 않으면 알기 어렵지 않은가.

그래서 성교육의 기초가 사랑하는 법을 가르치는 것이듯이, 경제교육의 기초 또한 실생활에서 돈을 대하는 태도를 보여주는 것 정도가 되면 충분하다고 나는 생각한다. 우리가 카페에서 커피 한잔을 살 때 그 카페 사장님이 우리에게 돈을 받으면, 얼만큼은 원재료를 사거나 임대료를 내는 데 쓰고, 남은 돈은 얼마가 될 것인지 한번 같이 이야기해보는 것이다. 저축을 하면서도 우리가 돈을 은행에 맡기면 은행은 그 돈으로 어떤 투자를 할 수 있으며 갑자기 돈을 찾아가는 고객들이 있을 경우를 대비해서 얼만큼은 여분으로 가지고 있어야 할지 생각해보면 좋을 것 같다.

그래서 나는 힘세니를 유치원에 보낼 때에도 "엄마가 유치원 원장님께 원비를 드리면 원장님이 선생님들 월급도 주고, 너희가 먹을 점심거리도 사고, 필요한 교구도 사고, 그리고 원장님도 개인적으로 쓰시겠지?"라는 이야기를 나누고는 했다. 원장님과 선생님은 아이들을 사랑하시지만, 그에 대해 돈이라는 대가를 받는 경제 주체임을 어린 세니에게 말해 주는 것이다. 돈이 오가는 행위를 할 때 관련되는 모든 문제에 대해 탐구하는 모습을 보여주고 생각하고 토론하게 해주는 것이 유일한 경제교육의 해답은 아닐까 하는 생각에서다.

그러니까 나는 성교육 전문가, 경제교육 전문가, 그리고 인성교

육 전문가와 신체 성장 전문가, 스피치 전문가, 입시 전문가 그 외
수많은 전문가가 제시하는 다양한 to-do-list를 지나치게 맹신할 필
요가 없다는 것을 주장한다. 무엇보다도 우리 아이들이 만나게 될
수많은 문제는 이 모든 것들의 교집합이며 합집합이고 기출 변형이
고 완전히 새로운 것일 수도 있다는 것. 우리가 아이에게 해주어야
할 교육은, 바로, 유일하게도, '부모님과 함께 해 보면서 느꼈던 태
도와 기억을 심어주는 것' 뿐이다.

가끔 나에게 "힘세니에게 어떤 책 읽어주세요? 저는 5살 아이를 키우고 있는데 어떤 책을 읽어주면 좋을까요?", "힘세니는 책을 많이 읽죠? 하루에 몇 권이나 읽어요?"라고 묻는 사람들이 있다. 나는 "그냥 아이가 좋아하는 책을 좀 읽어줘요. 그리고 제가 읽기에 재미있으면 읽어주는 편이고요."라고 대답할 수밖에 없다.

그림책 읽어주는 것이 아이에게 좋다고 생각하는 사람들은 사실 '그림책은 좋은 것', '그림책 작가는 존경할 만한 사람'이라는 생각을 하고 있을 것이다. 그렇지만 그림책 작가 중에는 기승전결도 제대로 만들지 못하는 작문 솜씨를 가졌거나 그림도 그저 그런 수준인 경우도 많다. 사실 엄밀히 말하면 그림책 작가는 직업 중 하나일 뿐이며 그림책도 그림책 작가가 하는 경제활동의 산물일 뿐이다. 아이의 인생을 바꿔주고, 아이의 마음에 풍요로운 생각을 자라게 해주는 만능 아이템은 아니라는 생각이다.

나는 동음이 반복되거나, 지나치게 철학적이거나, 내용은 별로 없고 그림만 그럴듯하게 그려놓은 책은 별로 좋아하지 않는다. 또한 서론은 긴데 마지막에 급박하게 마무리하거나, 이야기의 기둥이 되는 부분도 아닌 곳에서 지나치게 묘사가 길다거나, 전개나 연출이 어색하면 힘세니와 나는 둘 다 어리둥절해한다. 그런데 그런 책 중에서 베스트셀러가 정말 많다.

개인적으로, '훌륭한 책'이라는 것은 '브로콜리는 암을 억제하는 음식이다.'라고 말하는 것처럼 명쾌하게 정의 내릴 수가 없다고 생각한다. 마찬가지로 "하루에 매일 한 권 이상은 독서를 해야 한다."라던가 "5분 동안 앉아있는 훈련을 하면 집중력에 좋다."라던가 "자기 전에는 하루를 마무리하면서 기도를 해야 한다."라던가 하는, 우리가 보기에 멋져 보이는 여러 모습이 있다. 하지만 그런 모습을 모범 사례로 정의하고 그것을 따라 하느라 스스로를 힘들게 할 필요도 없고, 혹은 따라 하고 있다는 이유로 기고만장할 필요도 없으며, 혹은 그렇게 하지 않는 양육자를 깔볼 이유도 없다고 생각한다.

사실 힘세니는 두 돌 이전부터 〈헬로카봇〉이나 〈스파이더맨〉 같은 만화영화를 봤고, 유치원에 다닐 때는 〈흔한 남매〉를 봤으며, 초등학교 1학년인 지금은 고학년들이 보는 개그 영상이나 게임 유튜브 채널도 많이 본다. 어떤 양육자들은 너무 한심한 채널이라며 보지 못하게 하는 콘텐츠일 수도 있겠지만 나는 힘세니와 함께 즐겁게 본다. 그 채널을 기획한 머리 좋은 PD 외 제작진, 그리고 항상 긍정적이고 밝은 에너지를 주는 유튜버들을 좋아하기 때문이다. 그림책 작가들보다 그들의 지적 수준이나 표현 능력이 아래에 있다고 생각하지 않는다. 다만, 가끔 나오는 뜻이 좋지 않은 단어나 잘못된 맞춤법 같은 것은 같이 보면서 내가 고쳐주고 있다.

우리가 당연하게 생각하고 옳은 규범으로 인식하는 많은 것들은 어쩌면 역사 속에서 이러저러한 상황 속에서 만들어진 모습일 뿐인 경우도 많다. 인류가 하루 세 끼를 먹기 시작한 것도 산업 혁명 이후라고 하지 않는가.

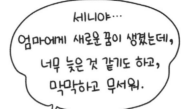

세니야…
엄마에게 새로운 꿈이 생겼는데,
너무 늦은 것 같기도 하고,
막막하고 무서워.

막상 하려니까
실패할까 봐
두렵기도 하고.

그러면
엄마가
유튜버라고
생각해 봐~

유튜버?

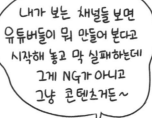

내가 보는 채널들 보면
유튜버들이 뭐 만들어 본다고
시작해 놓고 막 실패하는데
그게 NG가 아니고
그냥 콘텐츠거든~

엄마도 잘 안될 때에는
실패 콘텐츠를 찍었다고
생각해 봐~
엄마의 도전과 실패는
다 소중하게 촬영되고 있어~!

나는 아이와 함께 개그 유튜브 채널을 보며 웃기를 좋아하는 엄마다.

공부 잘해서 아이비리그 간 아이들 이야기를 들어보면 아이들 부모는 아이에게 책 좀 읽으라고 말하기 전에 부모 자신이 늘 책을 읽으며 모범을 보였고 그래서 아이들은 부모를 따라 저절로 책을 읽게 되었다는 내용이 많다. 하지만 나는 이런 현상은 인과관계로 보는 것이 아니라 상관관계로 보아야 한다고 생각한다.

아이가 독서 습관을 갖게 된 것은 부모들이 책을 읽는 환경을 제공해주었기 때문이 아니라 부모에게 책을 좋아하는 유전자가 있었고, 그 유전자가 아이에게도 있을 확률이 크기 때문이 아닐까 하는 의견이다. 그 유전자가 없었다면 아이는 분명 온 집 안에 책이 가득하다고 해도 블록처럼 쌓고 놀지언정 결코 한 줄도 읽으려고 하지 않았을 것이라고 확신한다. 혹은 아이가 한자리에 앉아서 무언가를 읽는 것에는 전혀 관심이 없는 활동적인 아이였다면 책만 읽고 있는 부모를 지루해하고, 부모의 눈길을 벗어나 멀리 도망쳤을 것이라고 생각한다.

이것은 조언이 별로 필요 없다는 말과 같은 맥락이다. 나는 내가 하는 대로, 내가 모범을 보이는 대로, 내가 환경을 만들어주는 대로 힘세니가 그렇게 자랄 것이라고 생각하지 않는다. 동물을 조련하는 조련사는 그 동물의 사육환경이나 행동의 특성에 대해 전문적으로 공부했기 때문에 동물에 대해 잘 알고 있다. 하지만 나는 힘세니를 낳기만 했을 뿐 힘세니에 대해 전문적으로 공부한 적이 없다. 게다가 힘세니는 동물처럼 단순하지도 않고 굉장한 개성을 가지고 있다. 힘세니와 나는 서로가 서로의 인생에서 처음 만나 경험하는 개체일 뿐이다.

그렇다면 책 보는 아이로 만들고 싶다면 어떻게 하면 좋을까? 일단 아이와 함께 서점에 가서 아이 스스로 책을 고르고, 함께 읽어보면서 책 읽는 환경을 만들어주면 된다. 그리고 아이가 책에 관심이 있는지 지켜보고, 관심이 없다면 그럼 그것대로 조용히 포기하는 것도 좋다고 생각한다. 그저 아이가 다른 길을 찾도록 또 다른 분야, 이를테면 예술이나 스포츠, 장비의 조립이나 기술과 같은, 책 읽기와는 다른 새로운 환경을 만들어 주기도 하면서 말이다.

우리 집의 경우, 나는 힘세니와 역할놀이를 많이 했지만 나의 남편 후니는 대부분 집에 없었고 혹여 함께 있을 때에도 역할놀이는 잘하지 못했었다. 대신 후니는 보드게임을 꽤 잘해서 힘세니가 일곱 살이 되었을 때부터 체스, 장기를 비롯해서 쿼리도나 다빈치코드, 펜타고 같은 각종 보드게임 대련을 정말 많이 해주기 시작했다. 레고 조립과 축구, 자전거 타기도 후니의 역할이었다. 나와 후니는 각자 적성에 맞는 환경을 힘세니에게 제공했다.

결국 양육자는 자신 스스로가 좋아하고 적성에도 더 잘 맞는 환경을 구비하게 될 것이다. 그리고, 양육자가 만들어 낸 환경에 속할지, 응용할지, 아예 벗어날지는 아이가 정할 것이다.

책을 싫어하는 양육자에게 아이를 위해서 책 읽는 모습을 보이라고 하는 것은 고문이다. 나는 청소년기에 책을 정말 많이 읽었지만 부모님 중 누구 한 분도 집에서 책을 읽는 분은 아니었다. 그저 내 스스로가 책을 읽는 것이 재미있었기에 읽었던 것이지 누군가를 보고 배운 것은 아니었다.

힘세니를 봐도 그렇다. 내가 지금 웹툰 작가가 되기 위해 준비를 하면서 항상 무언가를 그리고 있기 때문에 힘세니도 내 옆에서 그림 같은 것을 그리고는 있지만 그것은 내가 그리는 방향과는 전혀 다른 모방의 형태다. 나는 화려한 장식을 한 옷을 입은 무도회장의 공주님과 왕자님을 그리지만 힘세니는 각종 곤충과 파충류, 상상 속 괴물들의 특성과 먹이 관계라든지 판타지적 세계관을 설정하고 그리는 것을 좋아한다. 그리고 처음에는 그림을 많이 그리더니 지금은 글씨를 알게 되면서 꼼꼼하게 글씨 쓰는 것에 더 재미를 붙이게 되었고 〈신비한 괴물 사전〉이나 〈미래의 발명품 목록〉 같은 것을 만들고 있다. 그리고 그런 것들을 종이접기나 블록으로 실현해보는 일을 사랑한다. 나는 평생 해본 적이 없는 것들이다.

지금 이 책을 읽고 있는 분들 중에서도 힘세니가 어떻게 말을 잘하게 되었고, 어떻게 창의적일 수 있었는지 내가 써 놓은 여러 가지 내용을 읽으면서 '아오, 난 이건 진짜 못하겠다!'는 생각이 드는 것이 있다면 그냥 하지 않는 것이 정신건강에 좋고, 부모의 정신건강이 좋은 것이 아이에게는 더 큰 축복이라는 말씀을 드리고 싶다. 나는 '그때 그것처럼' 화법이 적성에 맞았고 힘세니도 맞았기 때문에 좋은 결과를 낼 수 있었던 것이기 때문이다.

그리고 사실 이건 비밀인데 힘세니는 아직도 자동차번호 네 자리, 우리 집 호수 네 자리를 못 외운다. 심지어 왼쪽과 오른쪽을 구분하는 것도 헷갈려한다. 사실 내가 이런 쪽에 관심이 약하다 보니 아이에게도 잘 가르치지 못했던 것 같다. 하지만 나는 이런 것을 쉽게 기억하게 하는 학습법은 찾아보지 않을 것이다. 왜냐하면 그건 또 내 적성에 맞지 않는 일이기 때문이다.

책 읽어주기보다 더 좋은 것은 마음을 읽어주는 것.

아이의 자존감을 키우기 위해서는 아이가 해낼 수 있고 그래서 성취감을 줄 수 있는 작은 일들을 많이 만들어 주어야 한다. 그런데 이런 작은 성취감은 부모에게도 정말 꼭 필요한 것 같다는 생각이 든다.

'오늘 하루 동안 무조건 웃으면서 아이에게 화내지 않고 말하기' 같은 '까투리' 만화 속 엄마 까투리나 할 수 있을 만한 너무 어려운 미션 대신, 그냥 '화 한 번 참기'나 '잔소리 두 번 참기' 같이 쉬운 것을 설정하는 것이다. 아니면 '화를 냈다면 바로 사과하기'라던가 '자기 전에 안아주면서 엄마는 항상 네 편이라고 말해주기' 같이 비교적 할 수 있을 만한 쉬운 것들을 해내 보는 것이다.

'와, 나 방금 좀 잘했는데?' 싶은 순간이 처음에는 하루에 한 번, 그다음에는 두 번, 그다음에는 세 번… 그렇게 차곡차곡 쌓이면 나중에는 점점 쉬워진다. 혹시 실수를 했더라도 그동안 꽤 잘해왔다면 자괴감이 적다. 그리고 내가 아이를 잘 대해줬다는 만족감의 데이터가 적을 때에는 너무나 쉽게 '에라이, 다 때려쳐!'로 돌아가지만 그런 경험이 많고 정말로 스스로가 좋은 부모라고 느껴지기 시작하면 그 짜릿함은 고운 마음 가는 길에 가속도를 붙이고, 쉽게 포기하

271

지 않게 해 준다.

천릿길은 한 걸음부터! 매일 자기 전에 '내가 오늘 잘한 것 한 가지'를 생각하고 잠이 들면 어떨까? 양육자들에게 매일의 작은 뿌듯함이 있기를 기도한다.

힘세니와 나는 잠자리에 들며 이런저런 이야기를 나눈다. 힘세니가
7살 때 새로 이사 온 동네 이야기, 유치원에서 새로 사귄 친구 이야
기, 다가오는 주말 뭘 할지에 대한 소소한 계획에 대한 이야기를 나
누던 나는 힘세니를 꼭 껴안으며 이렇게 말했다.

"엄마는 항상 네 편이야."

그러자 힘세니가 갑자기 왈칵 눈물을 흘리며 말했다.

"고마워, 엄마."

내가 깜짝 놀라서 "왜 울어? 무슨 일 있어?" 하고 물어보니 힘세
니가 이렇게 대답했다.

"아니, 그냥 눈물이 났어. 나도 엄마 힘든 일 있을 때 같이 할 거라
고 다짐했어."

이날 나는 또 한 번 느꼈다. 사랑이라는 감정이 흩어지지 않도록
언어로 만들어 전달하는 것이 얼마나 중요한 일인지 말이다. 어쩌
면 우리가 살아가는 이유는 이런 말 한마디를 듣기 위해서일지도
모른다는 생각을 했다. 그동안, 어쩌면 막연히… 어쩌면 당연하게…
그렇게 잘 전해지고 있을 거라고 생각했던 감정을 소리 내어 서로
에게 들려주면서 우리는 이불 속에서 앞으로도 서로의 편이 되어

주겠다는 멋진 결의를 했다.

　사실 일주일에 두세 편씩 인스타그램에 만화를 그려 올린다는 것은 정말로 정제된 활동이다. 사실 힘세니는 평소에 아무 말 대잔치를 벌이고, 얄밉고 심통 맞은 행동도 많이 하고, 도저히 만화 소재로 쓸만하지 않은… 그저 평범한 8살 아이의 하루하루를 보낸다. 하지만 그 긴 아무 말 중에 한 번씩 번뜩이는 말을 하고, 나를 엿 먹이는 것 같은 언행 속에서도 스윗함을 보이며, 그냥 저냥 반복되는 일상 속에서도 그렇게 꼭 순간적으로 웃음을 준다. 그리고 나는 그 순간을 놓치지 않고 기억해서 만화로 그린다.

　수많은 미운 짓들 사이에서 아이만의 예쁜 짓을 찾아내고 특별하게 느끼는 것. 어쩌면 아이를 키우면서 이거 하나면 됐지, 싶다. 수많은 힘든 하루 중에서 잠깐의 행복했던 순간을 찾아내고 특별하게 기억하는 것. 그런 힘으로 우리 모두 살아가고 있는 것 같다.

누가 뭐래도 우리는 항상 서로를 인정!

사랑이라는 감정은 정말 모호하다. 이 사람을 위해 죽을 수도 있는 감정이기는 하지만 일상 생활을 하면서 그 사람 대신 죽을 일은 사실 흔하지 않다. 오히려 그것보다는 조금 더 생물학적으로 접근해서, 함께 있을 때 도는 호르몬 같은 것이라고 생각하는 게 더 리얼하다. 그렇다면 이 호르몬을 충분히 즐겨주는 것이 사랑의 도리이고 지속 가능하게 하는 힘이다.

인생의 다양한 가치관들이 서로 맞으면 결혼 후에도 갈등이 적게 마련이다. 부부가 서로 통장을 공유하는 문제라던가, 양가 부모님께는 얼마나 자주 연락을 해야 하는지, 아이를 낳으면 주 양육자는 누가 되어야 할 것이며 개인적인 생활에 얼마만큼 터치하는 게 맞는 것인가와 같은 큼직큼직한 결론들이 협의 가능하면 정말 좋다. 그런데 사실 그보다는 덜 중요하게 다루어지고는 하지만 맹목적인 로맨스 신봉자인 나에게는 그 무엇보다 가장 중요하다고 보는 가치관의 문제가 있다. 바로 일상 속의 로맨스를 서로 얼마만큼 중요하게 생각하는가에 대한 문제이다.

나와 후니는 둘 다 이런 사랑의 노력을 중요하게 생각한다. 우리는 힘세니를 재운 후 둘이 술 한 잔씩 할 때에도 예전에 데이트하던 이야기를 수십 번씩 하고, 서로의 학창 시절 이야기, 그보다 더 어렸을 때의 이야기, 그리고 최근 드는 감정까지 서로 궁금해하고 들어주면서 새벽 두 세시를 넘기고는 한다. 이것 때문에 내일 피곤하겠다 싶기는 한데 둘 다 그 어떤 것보다 이 시간이 중요하다고 여기기 때문에 종종 그렇게 되고 만다.

후니는 연인일 때에도 부부일 때에도 늘 내 손을 잡고 다닌다. 요즘엔 길거리나 지인 앞에서 뽀뽀하는 연인이 많아졌지만 십여 년 전에는 흔치 않았다. 그런데 후니는 연애 때도 지금도 어디서든 늘 나에게 서슴없이 뽀뽀를 해주는 남자다. 나도 가끔 밖에서 나도 모르게 후니의 엉덩이를 만지거나, 후니가 무거운 짐을 들고 있는데도 굳이 거추장스럽게 그 팔에 매달릴 때도 있다. 그런데 사실 이런 행동을 굉장히 혐오스럽게 보는 사람들도 있어서 언젠가 후니에게 한 번 물어본 적이 있다. 그때에도 후니는 아무렇지 않은 표정으로 이렇게 말했다.

"나는 네가 나 만지는 건 언제 어디서든 다 좋은데?"

후니에게는 나 혹은 내가 하는 애정 표현보다 우선순위에 있는 것은 없어 보였다.

그런데 정말 신비롭게도 부부 사이에 이런 것이 맞으면 통장 문제, 양가의 문제, 아이 양육의 문제들이 굉장히 희미해진다. 아예 없어지는 것은 아니지만 조금 덜 중요하게 느껴지고, 스트레스를 덜 받는 것이다. 돈을 못 버는 것도, 살림이 생각만큼 잘 안 되는 것도,

서운하게 하는 양가 어르신도, 부담스럽고 어려운 양육의 문제들도, 정말 너무 사랑스러운 나의 배우자가 하는 일이기 때문에 생각보다 화가 덜 난다. 그래서 황제들도 미색에 빠지면 제국을 망하게 하지 않는가?

나는 이런 문제를 또다시 아이와의 관계에 접목시켜 본다. 힘세니와 나, 지지고 볶고 별일로 다 싸우고 기분 나빠도 결국 서로 안고 뽀뽀하고 사랑한다고 말할 때, 정말 서로가 너무 예쁘다고 말해줄 때, 함께 한 오늘 하루가 정말 소중하다고 입 밖으로 내어 소리쳐줄 때… 갑자기 모든 어려움이 덜 무겁게 느껴지고 사랑의 온기가 우리를 감싸 안게 된다.

갈등이 생기더라도 일상 속 사랑의 표현들이 다시 일어날 수 있게 해 주는 계기가 되고, 실패해도 언제나 되돌아올 수 있으리라는 안식이 되고, 그것이야말로 내가 힘세니에게 줄 수 있는 가장 큰 것이 아닐까 한다.

아, 나는 왜 이렇게 만능 사랑행인가!

사랑은 사랑을 낳고!

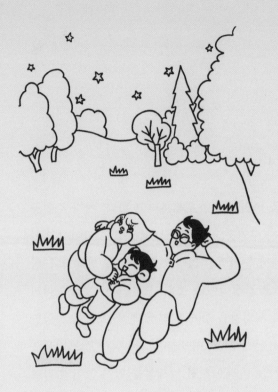

제6장

마무리하며,
우리들의
스윗 모먼트

내가 준비 중인 웹툰을 비밀리에 스포해보려고 한다. 여자 주인공의 이름은 '여오늘', 남자 주인공의 이름은 '남세상'으로 지어서 만화에서 나오는 대사 속에서 중의적인 의미를 갖도록 할 생각이다. 남세상은 다소 즉흥적이고 감성적이라 소위 '오늘만 사는 남자'이지만 여오늘을 신경 쓰고 책임감을 갖게 되면서 '진짜 오늘을 사랑한다는 것이 무엇인지' 깨닫게 되고, 여오늘은 계획적이고 모범적으로 '세상을 성실하게 사는 여자'이지만 남세상을 편견 없이 바라보고 사랑하게 되면서 '진짜 세상을 이해한다는 것이 어떤 것인지' 생각해보게 되는 과정이 주요 스토리이다.

　내가 이 이야기를 힘세니에게 해주자 우리 힘세니가 무릎을 '탁' 치면서 한마디를 보탰다.

　"엄마! 그러면, 그 두 사람을 방해하는 인물의 이름을 '시간'으로 지어. 사람들은 매일 시간에 쫓긴다는 것을 의미하는 거지. 그리고 만화 마지막에 후회하면서 '다 되돌리고 싶어…'를 중얼거리며 죽게 하는 거야. 결국 어떻게 해도 시간을 되돌릴 수는 없다는 것을 깨닫게 하면서 만화를 끝내!"

시간의 이름을 악역으로 사용한다니! 아쉽게도 이 의견을 반영하지는 않겠지만, 정말로 머리를 얻어 맞은 듯한 발상이었다. 시간은 그렇게 소중하고 공평한 것인데도 힘세니가 보는 어른들은 그렇게 시간 앞에서 쩔쩔매고, 나중에는 후회하는 모습으로 살고 있지 않은가?

과거를 생각하며 후회하거나 미래를 생각하며 불안해하는 것이 아니라, 나는 오늘을 열심히 살기로 한다. 어린 힘세니를 정말 홀로 키우면서 고생한 시간들, 그리고 앞으로 일어날 크고 작은 어려움 속에서 나는 매일 나 자신에게 작은 칭찬을 해 가면서, 견디고, 즐기기로 다짐한다. 시간이 흐를수록 여물어 가는 나 자신을 발견하다 보면, 시간은 악역이 아니라 내 편이 되어 있으리라 믿으면서 말이다.

... 그래서 그때 엄마가 화내서 내가 울었잖아.

어멋! 그게 기억나? 안좋은 기억은 빨리 없애버려~

속상했던 기억은 안없어지고 엎드려있다가 가끔 고개를 들거든. 근데 행복한 기억은 잘 없어지는것 같아. 다시 잘 기억이 안나~

엄마가 너한테 잘해줬던 기억은 없어지고 화낸 기억만 있다면 너무 슬픈데?

힘내자. 아이의 존재 자체가 우리를 응원하고 있다.

내가 아이를 키우면서 가장 우울하다고 생각한 점은, 집은 치워도 치워도 금방 다시 더러워지고, 설거지를 해도 바로 설거짓거리가 쌓이고, 아이를 끊임없이 키우는데 아이는 계속 어린이라는 점이었다. 눈에 보이는 발전이 없는 전업주부의 삶은 정말로 우울했다.

가끔 엄마 마음 전문가라는 사람들이 나와서 "지금 괜찮아요. 충분히 잘하고 있어요."라고 위로하는 말조차 시답지 않은 마케팅으로 느껴졌다. 괜찮긴 뭐가 괜찮은가. 내 인생이 이렇게 사그라들기만 하고 있는데 말이다.

혹자는 "엄마는 엄마만의 시간이 필요하다."라고 말하며 잠시 혼자 카페에서 커피 한 잔을 하라고 조언했지만 나는 그런 소리도 듣기 싫었다. 그렇지 않아도 육아용품이든 살림템이든 나는 계속 소비만 하고 있는데 또 돈을 쓰라니…!

그러다가 인스타그램에 육아툰을 올리기 시작하고 팔로워가 점점 많아지면서 작업 의뢰가 들어오는 제품의 광고를 그려 올릴 기회가 생기기 시작했다. 광고툰을 그려 올리면서 한 달에 몇십만 원씩 벌게 되자 이번에는 지인들이 이렇게 말했다.

"좋겠다. 아이도 키우면서 소소하게 용돈벌이도 하니까 자존감도 찾고 살림에도 보탬이 되고 말이야."

그런데 한껏 비뚤어져 있던 나는 그런 말까지 서러웠다. 내가 하고 싶은 일은 소소한 용돈을 버는 것이 아니라, 내가 가진 능력을 십분 발휘하여 남편 월급 이상의 돈을 벌고, 어떻게든 세상에 내 족적을 남기는 것인데 사람들은 입을 모아 "자고로 엄마는 그 정도면 감사하게 생각하라."고 말하는 것 같았다.

그런데 그렇게 무기력한 나날을 보내던 나에게, 어느 날 문득 창작 장편 웹툰을 그리고 싶다는 꿈이 생겼다. 그리고 나는 생각으로만 끝내지 않고 모니터 위에 직접 그림을 그리는 작가용 타블렛을 샀고, 웹툰을 그리는 사람들이 쓰는 그림 프로그램을 설치했다. 프로그램을 익히는 데에만 몇 주가 걸렸다. 사실 그 지점부터 나는 약간 현실 자각을 시작했다. 그리고 프로그램에 조금 익숙해진 후에 그림 연습을 본격적으로 시작하고 나니 '정말 이것은 불가능한 꿈이었나…'라는 생각이 들 정도로 가슴이 답답해오는 것을 느끼기 시작했다.

미술을 전공하기는커녕 초등학생 이후부터는 제대로 된 사람의 형체를 그려본 적도 없는 내가 인체의 근육을 표현하고, 채색하고, 명암을 살리는 일은 사실 너무 어려웠다. 각도에 따라서 인물과 배경에 차이를 두어야 했는데 이것도 쉽지 않았다. 늙은 나이에 무언가를 배우기도 쉽지 않은데 여덟 살 힘세니는 때가 되면 밥을 차려 줘야 하고, 과일을 깎아 주어야 하고, 학원도 데려다주어야 하고, 저녁에는 샤워도 도와줘야 하는… 장기간 방치도 가능해지기는 했지만 그래도 기본적인 것만으로도 은은하게 손이 가는 나이를 지나고 있었다.

나는 배달 음식도 종종 시켜 먹고, 청소도 잘 안 하고, 빨래도 잘 안 하고… 정말로 모든 것을 최소화하고 있었지만 그 최소한의 활동만으로도 내 일과의 반을 잡아먹었다. 그림 연습하고 스토리를 짜는 것은 할 수는 있지만 단발성에 그쳤고 장기간에 걸쳐 몰입하기에는 너무 어려웠다.

그래서 그렇게 또 한 번, 아이를 낳고 기르는 것이, 육아와 살림이라고 단순히 불리는 이것이, 얼마나 나를 잡아먹고 내가 사람답게 사는 것에 장애가 되는지를 절절히 느끼는 시간을 보냈다.

그렇게 시간이 흘러 그림 연습을 시작한 지 6개월쯤 지나고 드디어 원고 1화를 대략 그려봤는데 나는 솔직히 깜짝 놀랐다. 막상 원고 전개를 시작하니 의외로 금방금방 다음 스토리가 생각이 났다. 프로 작가들도 스토리 구상에 치를 떤다는데, 예비 작가인 내가 이야기의 중요한 뼈대를 금세 만들고 있었다.

그리고 또 하나 주목할 만한 점은, 그림 전공자도 아닌 내가 그 짧은 시간에 그림 실력이 정말 많이 늘었다는 것이었다. 만화 연출도, 스토리도 전부 처음 끄적였을 때보다는 훨씬 탄탄하고 매끄러워지기 시작했다. 그림 그리는 속도도 빨라지고 말이다.

어떻게 이런 기적 같은 일이 생겼을까?
나는 결론을 내렸다. 그것은, 내가 육아를 했기 때문이었다!

구상 중인 웹툰은 '오피스 로맨스office romance' 장르여서 육아와는 전혀 상관없을 것 같지만 그렇지 않았다. 육아를 하면서 내가 어떤 방식으로 아이를 사랑할지, 어떻게 아이의 자존감을 지켜줄지, 어떤 어른이 나중에 행복하게 살게 될지를 집요하게 고민하던 것들이 결국 '사랑과 삶'이라는 큰 주제에 대한 나의 기본 생각 뿌리를 만들어 주었고, 이것이 내가 그리는 웹툰의 커다란 소재가 되었다. 프롤로그에서부터 강조했듯이, 결혼을 하고 아이를 키우는 것은 결국 사랑을 하는 과정이었기 때문이었다.

그림 실력이 빨리 성장한 이유도 뭔가 있었을까 생각해 보니 그것도 그동안 내가 몇 년간 인스타그램에 힘세니툰을 그리고 있었기 때문이었다. 그냥 낙서 같은 그림체로만 그리고 있었기 때문에 웹툰을 그릴 때에는 아무런 도움이 되지 않을 것 같았지만 실제로는 나도 모르는 사이에 그 과정이 인체 포즈를 대략적으로 크로키한 셈이었던 것이다. 거기에 근육을 붙이고 비율을 실제 사람처럼 늘리는 연습만 하면 되었기에 그림 실력을 늘리는 데에 시간이 단축된 것이다. 연출도 스토리텔링 방식도 그간의 인스타툰 연재가 어느 정도 도움을 준 것 같다고 생각한다.

그랬다. 아무짝에도 쓸모없을 것 같았던 육아와 육아툰이 내가 새로운 꿈을 꿀 수 있는 기본이 되어 주었다. 다시 생각해보니, 육아라는 것은 정말로 종합 예술이다. 깊은 사유가 필요하며, 학문이면서, 기술이면서, 나를 힘들게 하지만 동시에 강하게 해주는 훈련이고, 인간으로서의 성장이었다. 하염없이 나를 노화시키며 흘러가 버리기만 한 것 같았던 육아의 시간은 나를 더 풍요로운 사람으로 만들어주었다. 내 얼굴에 생긴 주름만큼, 흰머리만큼, 나잇살만큼, 나는 더 깊어졌다. 준비하고 있는 웹툰이 성공하지 못하더라도, 심지어 데뷔조차 못하더라도 나는 엄마로서 내가 겪은 모든 일은 분명히 나를 더 나은 곳으로 이끌어줄 것이라고 믿게 되었다.

내가 꿈을 이루는 것은 몇 년 후일 수도 있고, 몇십 년 후일 수도 있다. 하지만 분명한 것은 육아를 하면서 내가 깨지기만 하는 것은 아니라는 것이다. 우리는 깨지기도 하지만, 강인한 의지가 있다면 다시 붙어서 새로운 것을 만들어 낸다. 그 시간을 모두 사랑할 수는 없겠지만 그 시간을 지내온 나 자신을 무척 사랑하게 되는 날이 반드시 올 것이다.

빛은 바랬더라도 우리는 여전히 보석임을 믿어 보자.

"초등학교에 입학한 직후의 시간은 정말 중요해서 일하는 엄마라면 이때에 육아휴직을 해야 한다.", "초등학교 3학년만큼 중요한 시기는 없다.", "중2병에는 특히 따뜻한 관심이 필요하다."와 같은 문장들은 항상 양육자들을 움츠러들게 한다.

나에게 새로운 꿈이 생기는 동안 우리 힘세니는 초등학교에 입학했다. 초등학교 1학년 시기가 정말 중요하다는 말을 귀에 박히도록 들었기 때문에 나 또한 일곱 살을 지나는 아이를 바라보며 잠시 걱정하기도 했었다.

하지만 다시금 내린 결론은 '아이를 낳고 키우는 데에 덜 중요하고 더 중요한 때는 없다'는 것이었다. 만약 굳이 있다면… 태어나서 일곱 살까지가 중요하다고 생각한다. 그때에는 멀쩡히 길을 걷다가도 넘어지며, 스스로 할 수 있는 것이 많이 없고, 무엇보다도 부모로부터 많은 것을 배우기 때문이다. 하지만 여덟 살부터는 선생님과 또래의 영향을 더 크게 받기 시작하며, 자신이 무언가를 할 수 있는지 없는지에 대한 판단을 스스로 하기 시작하고, 필요할 때에는 도와달라고 도움을 요청할 줄 알게 된다. 사실 무언가를 능숙히 잘하는 것보다도 적시에 도와달라고 말할 수 있게 됐다면 다 큰 것이라고 생각한다. 그래서 초등학교 입학 직전에도 나는 크게 동요하지 않고 차분히 내 할 일을 열심히 했다.

내가 힘세니 초등학교 입학 전에 준비했던 것들을 간단히 이야기해본다. 우선, 한글과 수학의 아주 기본적인 것을 가르쳐주었다. 한글은 일곱 살 여름부터 익히기 시작했는데 'ㄱ'을 암기하는 데에 일주일이 걸렸다. 정말로 믿을 수 없을 만큼 오래 걸렸다. 그런데 'ㄴ'과 'ㄷ'을 익히는 데에는 6일이 걸리더니 그 뒤로 조금씩 짧아졌고, 모음과 자음이 어떻게 어우러지는지에 대해 이해한 뒤에는 금방금방 읽어서 서너 달 만에 어른처럼 읽게 되었다. 수학은 서점에서 파는 6~7세용 수학 교재를 사서 기본적인 연산을 익혔다. 구구단을 외우거나 천의 자리 덧셈 뺄셈 같은 선행학습은 하지 않았다. 그냥 〈셈셈 피자 가게〉 같은 보드게임으로 기본만 재미있게 익혔다. 줄넘기는 엄마와 함께 밖에 나가 연습하면서 10회 정도 할 수 있을 정도가 됐고, 알파벳은 전혀 가르치지 않았다. 사실 한번 시작해보려고 했었는데 재미없어서 그냥 그만두었다. 세계지리니 역사니 한문이니 같은 것들은 아무것도 모르는 상태로 1학년을 맞이했다. 그래도 이 정도면 대치동 같은 곳이 아닌 지역에서는 평균이 아닐까 한다.

물론 앞으로 학습이 어려워질 수도 있고 학습 차가 커질 수도 있다. 하지만 그것은 미리 대비하면서 가르치면 될 문제가 아니라 오히려 그런 산을 만났을 때 어떻게 넘어야 하는지 생각해볼 수 있는 시간으로 충분히 활용해야 한다는 생각이 든다. 내가 어떤 문제를 틀렸을 때, 그것을 왜 틀렸는지 스스로 생각해보고 어떤 방법으로 노력을 해야 할지 고민해보는 연습 말이다. 더불어서 자신이 뒤처졌을 때 스스로를 혐오하고 주저앉는 것이 아니라 발전의 발판으로 만드는 마음가짐까지 배울 수 있다면 더없이 좋을 것 같다고 생각한다. 내가 아이의 수능까지 옆에 붙어서 도와줄 수 있는 것이 아니라면 결국 모든 문제는 아이 스스로 헤쳐나가야 하는 것이다.

나는 나대로 새로운 꿈이 생겨서 바빠지고, 힘세니는 여덟 살이 되면서 초등학생이 되었다. 내가 지금은 힘세니를 예전만큼 크게 신경 쓸 수 없게 되기는 했지만 독박 육아를 하면서 힘세니와 단둘이 지냈어도 힘세니의 언어력과 창의성이 커졌던 것처럼, 나의 히스테리 속에서 우리가 끈끈해졌던 것처럼, 새로운 상황에서 각자 달리게 된 우리의 상황이 또 새로운 선물을 가져다줄 수도 있지 않을까 생각한다. 그리고 지금은 우리집에 남편도 있다!

시간이, 상황이, 우리의 노력이 우리를 어디로 가게 할지 알 수는 없다. 하지만 우리는 언제나 서로를 응원하고 있으니 너무 겁먹지 않기로 한다.

우리는 언제나 함께다.

나를 지켜주는 뽀뽀 벽돌♡

힘세니
지웅

엄마가 나에게
뽀뽀를 해주면
엄마의 뽀뽀가
내 가슴속에 스며들지.
그리고 벽돌처럼 차곡차곡 쌓여서
멋진 성벽을 만들어.

그래서 속상하거나 외로운 마음이
타격을 주어도
그 타격 보다 뽀뽀 벽돌이 더 많으면

내 마음은 안전해♡

'생각의 힘'과 '마음의 힘'을 길러주는 미래형 육아 철학
조금 다른 육아의 길을 걷는 중입니다

펴 낸 날 1판 1쇄 2023년 2월 14일
　　　　 1판 2쇄 2023년 3월 14일

지 은 이 서린
펴 낸 이 고은정

펴 낸 곳 루리책방(ruri-books)
출판등록 2021년 01월 04일

전　　화 070-4517-5911
팩　　스 050-4237-5911
이 메 일 ruri-books@naver.com
블 로 그 blog.naver.com/ruri-books
인 스 타 @ruri_books

ISBN 979-11-973337-4-3 (03590)

ⓒ서린 / 2023

'Do not be afraid, Paul. You must stand trial before Caesar; and God has graciously
given you the lives of all who sail with you.' So keep up your courage, men, for I
have faith in God that it will happen just as he told me.
Acts 27:24~25